Horst H. Homuth

Einführung in die Automatentheorie

für Studenten
der Mathematik, Informatik,
Natur- und Ingenieurwissenschaften

Vieweg

Dr. rer. nat. *Horst H. Homuth* ist Professor an der Hochschule der Bundeswehr Hamburg

Verlagsredaktion: *Alfred Schubert*

CIP-Kurztitelaufnahme der Deutschen Bibliothek

Homuth, Horst H.
Einführung in die Automatentheorie: für Studenten d. Mathematik, Informatik, Natur- u. Ingenieurwiss. – 1. Aufl. – Braunschweig: Vieweg, 1977.

ISBN-13: 978-3-528-03031-5 e-ISBN-13: 978-3-322-90114-9
DOI: 10.1007/978-3-322-90114-9

1977

Satz: Vieweg, Braunschweig

Vorwort

Das vorliegende Buch ist aus Vorlesungen entstanden, die sich an Mathematiker, Informatiker und Naturwissenschaftler gewandt haben. Das Buch eignet sich – da es sich um eine einführende Darstellung handelt – jedoch auch für Ingenieure, insbesondere für Nachrichtentechniker mit vertieftem Interesse an Fragen der Nachrichtentheorie.

Für einige Hinweise bin ich Fräulein Dr. I. Brückner und Herrn Dipl.-Math. W. Thomas zu Dank verpflichtet. Auf Herrn Dipl.-Math. H. Völker gehen einige durchgeführte Beispiele zurück. Herrn Dr. W. Brakemeier danke ich für seine Mithilfe beim Lesen der Korrekturen. Ganz besonders herzlich danke ich Frau G. Kniese für die Herstellung eines Teils der Reinschrift des Manuskriptes. Dem Vieweg-Verlag möchte ich für die Aufnahme des Bändchens in die Reihe uni-text danken.

Hamburg, im Oktober 1976 *H. H. Homuth*

Inhaltsverzeichnis

Einleitung

Die Automatentheorie befaßt sich mit mathematisch beschriebenen Modellen von gewissen Systemen, die determiniert oder auch stochastisch sein können und die in der Mathematik oder in verschiedenen wichtigen Anwendungsgebieten der Mathematik eine Rolle spielen. Bei solchen Systemen kann es sich z.B. um technische Systeme (etwa Nachrichtenübertragungssysteme) handeln oder auch um Systeme, die ein biologisches oder soziales Verhalten beschreiben (etwa Lernsysteme). Die Automatentheorie versucht dann, abstrakte Modelle des allen diesen Dingen gemeinsamen Verhaltens zu beschreiben; der Sinn der Automatentheorie liegt daher in dieser Abstrahierung, d.h. zugleich aber auch in der Vereinheitlichung. Die Hauptanwendungsmöglichkeiten sind damit auch schon angedeutet: Man versucht nämlich aus dem allgemeinen Modell „Automat" durch Spezialisierung für konkrete Probleme und Aufgaben das Verhalten des Systems abzulesen. – Die Einordnung der Automatentheorie ist vor allem bestimmt durch die Hilfsmittel, die für sie benötigt werden.

Das vorliegende Buch befaßt sich im wesentlichen mit der schon fast klassisch zu nennenden Theorie der determinierten Automaten. Es handelt sich dabei um eine einführende Darstellung; viele an sich sehr umfangreiche Problemkreise konnten daher hier nicht betrachtet werden (z.B. ausführliche Untersuchungen von Reduktionsverfahren, von linearen Automaten und von formalen Sprachen). Aus der Fülle des möglichen Stoffes mußte für diese Einführung und für das Ziel dieses Buches eine geeignete Auswahl getroffen werden. Die Darstellung lehnt sich in einigen Teilen und in gewissem Sinne an das vorzügliche Buch von *Starke* an.

Nach der Behandlung der Grundlagen werden allgemeine determinierte Automaten betrachtet. Im Mittelpunkt dieses Buches steht aber eigentlich die Behandlung von Wortfunktionen und ihre Darstellung in Automaten – denn eben dieses ist wegen ihrer Anwendungen (etwa in der Codierungstheorie) von besonderem Interesse. Die abschließenden Kapitel behandeln als Beispiele noch die Begriffe des linearen Automaten, des linearen Booleschen Automaten und sie stellen am Beispiel der context-freien Sprachen – wenn auch knapp und ohne Beweise – einen Zusammenhang her zwischen Automaten und formalen Sprachen. An vielen Stellen enthält der Text natürlich Hinweise auf weiterführende und ergänzende Literatur.

1. Grundlagen

In diesem Kapitel werden neben Hilfsmitteln der Automatentheorie die Definition des Automaten und einige grundlegende Eigenschaften bereitgestellt bzw. behandelt.

1.1. Alphabete, Wörter, Wortmengen

Die hier betrachteten Begriffe sind für die gesamte Automatentheorie und einige verwandte Gebiete grundlegend, z.B. die Theorie der formalen Sprachen, die Informations- und die Codierungstheorie. Die einfachsten Begriffe der Mengenlehre werden als bekannt vorausgesetzt – man findet sie z.B. (in geeigneter Form) bei *Maurer* (1969).

Definition 1: *Eine endliche nichtleere Menge*

$$A = \{a_1, \ldots, a_k\}$$

heißt Alphabet, ihre Elemente heißen Buchstaben.

Definition 2: *Eine endliche Folge von nebeneinander geschriebenen Buchstaben*

$$x = x_1 x_2 \ldots x_n; \quad x_i \in A, \quad i = 1, \ldots, n$$

heißt ein Wort der Länge $n = l(x)$. *Die Menge aller Wörter der Länge* n *wird mit* A^n *bezeichnet:*

$$A^n = \{x \mid x = x_1 x_2 \ldots x_n \wedge x_i \in A\} = \{x \mid l(x) = n\}.$$

Das Wort der Länge 0 *heißt leeres Wort – es wird mit* e *bezeichnet und ist das einzige Element von* A^0.

Definition 3: *Die disjunkte Vereinigung (Kleenesche Sternoperation)*

$$A^* = \sum_{i=0}^{\infty} A^i = \{x \mid l(x) < \infty\}$$

heißt Wortmenge oder Menge aller Wörter (oder Sternmenge) über dem Alphabet A.

Bemerkung 1: In A^* läßt sich eine Verknüpfung zweier Wörter erklären; mit

$$p, q \in A^*, \quad p = p_1 \ldots p_n, \quad q = q_1 \ldots q_m$$

definiert man

$$pq = p_1 \ldots p_n q_1 \ldots q_m$$

(Nebeneinanderschreiben, Konkatenation). Dabei gilt

$$l(pq) = l(p) + l(q) \quad \text{und} \quad ep = pe = p \quad \forall p \in A^*.$$

Es ist natürlich i.a. $pq \neq qp$; aber die erklärte Verknüpfung ist assoziativ, d.h. A^* bildet mit dieser Verknüpfung eine Halbgruppe mit Einselement e (vgl. auch Schluß dieses Abschnitts). Zwei Wörter sind natürlich genau dann gleich, wenn sie buchstabenweise übereinstimmen. ■

Definition 4: *Eine abzählbar-unendliche Folge von Buchstaben*

$\underline{x} = x_1 x_2 x_3 \ldots$ *oder auch*

$\underline{x} = \ldots x_{-2} x_{-1} x_0 x_1 x_2 \ldots; \quad x_i \in A$

heißt Nachricht. Die Menge aller Nachrichten bildet den Nachrichtenraum $N(A) = A^\infty$.

Bemerkung 2: Es gilt

$$\mathrm{Anz}(A^n) = |A^n| = |A|^n = k^n ,$$

d.h. A^* enthält abzählbar viele Elemente, während N(A) für $k \geqslant 2$ überabzählbar viele Elemente enthält. ■

Bemerkung 3: Bei den Buchstaben eines Alphabets kann es sich z.B. um die Buchstaben und Satzzeichen einer natürlichen Sprache handeln. Legt man das Alphabet

$$A = \{0, 1, \ldots, 9, +, -, .\}$$

zugrunde, so kann man das Dezimalsystem der reellen Zahlen R als Teilmenge von N(A) ansehen. Die Elemente dieser Teilmenge sind nach gewissen Regeln (Syntax) ausgewählt. Allgemein nennt man eine Teilmenge von A^* (nicht von N(A)) eine formale Sprache über dem gegebenen Alphabet. Das Alphabet der Programmiersprache (vgl. Beispiel 2) ALGOL 60 z.B. besteht aus 116 Buchstaben:

$$A_{\mathrm{ALGOL\,60}} = \{\text{'begin'}, \text{'goto'}, \ldots\}. ■$$

Wichtig und viel benutzt ist noch die

Bemerkung 4: (Induktionsverfahren). Will man beweisen, daß eine Aussage H auf alle Elemente $p \in A^*$ zutrifft, so genügt es zu zeigen, daß H auf e zutrifft (Anfangsschritt der Induktion) und entweder, daß für alle $p \in A^*$, $m \in A$ die Aussage H auf pm zutrifft, wenn H auf p zutrifft (Induktionsschritt: Schluß von p auf pm) oder daß für alle $p \in A^*$, $m \in A$ die Aussage H auf mp zutrifft, wenn H auf p zutrifft (Induktionsschritt: Schluß von p auf mp).

Um eine Funktion $f: A^* \to \ldots$ induktiv zu erklären, genügt es, den Wert f(e) festzulegen und für $p \in A^*$, $m \in A$ anzugeben, wie der Wert f(pm) aus f(p) und pm zu bestimmen ist (bzw. wie der Wert f(mp) aus f(p) und mp zu bestimmen ist). ■

Bemerkung 5: Einige weitere Begriffsbildungen werden mitunter benutzt (*Maurer* (1969)):

a) Potenz von Wörtern: Für jede ganze Zahl $n \geqslant 0$ und jedes Wort $p \in A^*$ definiert man die n-te Potenz von p:

$$p^n = pp^{n-1} \quad \text{für } n > 0; \quad p^0 = e$$

b) Teilwort, Anfangs- und Endstück eines Wortes, Spiegelbild:

b1) Seien $x, y \in A^*$: x heißt Teilwort von y

$$\Longleftrightarrow \bigvee_{y_1, y_2 \in A^*} y = y_1 x y_2$$

b2) Ist $\{{y_1 = e \atop y_2 = e}\}$, so heißt x $\{{\text{Anfangs-} \atop \text{End-}}\}$stück von y.

b3) Sei $x \in A^*$; $x = x_1 \dots x_n$, $x_i \in A$; das Wort

$\widetilde{x} = x_n \dots x_1 \in A^*$ heißt dann Spiegelbild von x

(es gilt: $\widetilde{e} = e$; $\widetilde{\widetilde{x}} = x$; $\widetilde{xy} = \widetilde{y}\,\widetilde{x}$).

c) Produkt, Potenz, Spiegelbild von Wortmengen:

c1) Seien V, W Mengen von Wörtern, dann heißt die Menge

$VW = \{x \mid x = yz, \quad y \in V, \quad z \in W\}$

das Produkt von V und W (Komplexprodukt).

c2) Sei $n \geqslant 0$, ganz, und V sei eine Wortmenge, dann heißt

$V^n = VV^{n-1}$ für $n > 0$ und $V^0 = \{e\}$

die n-te Potenz von V.

c3) Die Menge

$\widetilde{V} = \{\widetilde{x} \mid x \in V\}$

heißt Spiegelbild von V. ■

Beispiel 1: In Bemerkung 3 wurde bereits das Dezimalsystem der reellen Zahlen R als Teilmenge von N(A) erklärt (bei geeignetem A); es handelt sich auch hierbei in einem gewissen allgemeineren Sinn um eine formale Sprache. Die Menge N der natürlichen Zahlen läßt sich deuten als formale Sprache über dem Alphabet {1}.

Beispiel 2: In diesem Beispiel soll noch ein wenig auf den Begriff der Programmiersprache eingegangen werden (vgl. dazu auch *Maurer* (1969)).

Gegeben sei ein Alphabet Σ. Unter einer formalen Sprache versteht man allgemein eine Teilmenge L von Σ^* ($L \subset \Sigma^*$; deshalb ist R im strengen Sinne keine formale Sprache). Die Festlegung einer Teilmenge geschieht nach gewissen Regeln:

$L = \{x \mid x \in \Sigma^* \wedge \dots\}$

etwa:

(1) Aufzählung aller Wörter (oder Sätze) der Sprache,
(2) Generationsverfahren,
(3) Erkennungsverfahren,[1])
(4) Konstruktionsverfahren.

[1]) Dieses Verfahren benutzt automatentheoretische Hilfsmittel. Im siebenten Kapitel wird – für den wichtigen Sonderfall der sogenannten context-freien Sprachen – auf diesen Problemkreis etwas näher eingegangen.

Diese Angabe von L nennt man auch Angabe der Syntax der Sprache. Unter einer Programmiersprache versteht man ein Paar (L, f) aus einer formalen Sprache L (der Menge der syntaktisch richtigen Programme) und einer Vorschrift f, die einem (syntaktisch richtigen) Programm eine Bedeutung zuordnet (Angabe der Semantik der Programmiersprache).

Präziser: Gegeben seien drei Alphabete

$$\Sigma: \text{Programm-},\quad \Delta: \text{Eingabe-},\quad \Omega: \text{Resultatalphabet}.$$

L sei eine formale Sprache über Σ, d.h. $L \subset \Sigma^*$.
f: $M \to \Omega^*$ mit $M \subset L \times \Delta^*$ sei eine berechenbare Funktion, also eine Funktion, die bei gewissen Argumenten $x \in L$ und $y \in \Delta^*$ einen Funktionswert $z = f(x, y) \in \Omega^*$ besitzt. Das Paar $P = (L, f)$ heißt dann Programmiersprache.
In einem konkreten Beispiel soll noch eine einfache Programmiersprache angegeben werden:

$$\Sigma = \{+, -. *, /, \uparrow\}$$

sei ein Alphabet von Operationszeichen (Addition, Subtraktion, Multiplikation, ganzzahlige Division, Exponentiation).

$$\Omega = \{1, 2, \ldots, 9, 0\}; \quad \Delta = \{T\} \cup \Omega$$

(T sei dabei ein sogenanntes Trennzeichen).
Die Programmiersprache ist gegeben durch $P = (L, f)$ mit $L = \Sigma^*$ (damit ist die Syntax bestimmt) und der folgenden Angabe von f:
Gegeben seien

$$x = 0_1 \ldots 0_m \quad \text{mit} \quad 0_i \in \Sigma \; (1 \leqslant i \leqslant m) \quad \text{und}$$
$$y = T^{n_1} z_1 T^{n_2} \ldots T^{n_k} z_k T^{n_{k+1}}$$
$$k \geqslant 1;\; n_1, n_{k+1} \geqslant 0;\; n_i \geqslant 1 \; (2 \leqslant i \leqslant k);\; z_i \in \Omega^* - \{e\} \; (1 \leqslant i \leqslant k)$$
$$(u \circ v) \quad \text{sei für} \quad u, v \in \Omega^* - \{e\} \quad \text{und} \quad \circ \in \Sigma$$

das Resultat der Operation $\circ$ auf die Zahl u und v; es sei $l = \min(k, m + 1)$. Dann wird f so definiert:

$$f(x, y) = (\ldots (z_1 0_1 z_2) 0_2 z_3) \ldots 0_{l-1} z_l).$$

Ein Programm $p \in L$, das für gegebene Zahlen a, b, c, d, e den Wert $((ab + c)/d)^e$ berechnet, sieht dann so aus:

$$p = * + / \uparrow.$$

Man hat dann etwa:

$$f(* + / \uparrow, 2TT4T7T5TT3T) = 27.$$

Auf den Zusammenhang von formalen Sprachen und Automaten wird im Kapitel 7 noch knapp eingegangen.

Es wurde in Bemerkung 1 schon erwähnt, daß es sich bei der Wortmenge A* um eine Halbgruppe mit Einselement mit der Konkatenation (Nebeneinanderschreiben) als Operation handelt. Auf Halbgruppen soll deshalb jetzt noch etwas näher eingegangen werden. Der Begriff der algebraischen Struktur ist bekannt: Eine nichtleere (Träger-) Menge mit einer oder auch mehreren auf ihr erklärten (null-, ein-, zwei-, mehr-stelligen) Verknüpfungen, die kommutativ, assoziativ oder distributiv sein können. Man bezeichnet eine algebraische Struktur mit einer Verknüpfung $\circ$ etwa durch:

$$H = \{a, b, c, \ldots; \circ\}$$

Definition 5: H *heißt Gruppoid genau dann, wenn aus* $a, b \in H$ *folgt* $ab \in H$.

Definition 6: H *heißt Halbgruppe genau dann, wenn* H *ein Gruppoid ist und* $\circ$ *assoziativ ist (d. h. also:* $(ab)\,c = a(bc) = abc \in H \quad \forall\, a, b, c \in H$).

Definition 7: *Die Halbgruppe* H *heißt regulär genau dann, wenn für alle* $a, x, y \in H$ *die Kürzungsregeln*

$$ax = ay \Rightarrow x = y \wedge xa = ya \Rightarrow x = y$$

gelten.

Falls $\circ$ kommutativ ist, nennt man H kommutative Halbgruppe. Falls ein $e_1 \in H$ existiert mit $e_1 a = a \quad \forall\, a \in H$, so nennt man e_1 „Linkseins" und falls ein $e_2 \in H$ existiert mit $ae_2 = a \quad \forall\, a \in H$, so nennt man e_2 „Rechtseins". Falls sowohl e_1 als auch e_2 existieren, so folgt $e_1 e_2 = e_1 = e_2 = e$; e heißt dann Einselement.

Beispiel 3: Beispiele für Halbgruppen

a) H = N (Menge der natürlichen Zahlen; $\circ$: Multiplikation). H ist eine reguläre Halbgruppe mit Einselement.

b) Gegeben sei die Menge A.
   $H = \{f \mid f: A \to A\}$; $\circ$: Hintereinanderausführen von Abbildungen
   H ist eine i. a. nicht reguläre Halbgruppe.

c) (vgl. Bemerkung 1) A sei ein Alphabet,

   $$A^* = \sum_{i=0}^{\infty} A^i$$ sei die Wortmenge über A.

   $\circ$: Nebeneinanderschreiben von Wörtern (Konkatenation)
   e: leeres Wort
   Die Kürzungsregeln gelten (man vergleiche die Definition der Gleichheit von Wörtern).

   $H = A^*$ ist dann eine reguläre Halbgruppe mit Einselement (bei einem Automaten spricht man dann von der Eingabe- bzw. Ausgabehalbgruppe). Die Halbgruppen der Beispiele a) und c) sind auch kommutativ.

U und V seien Teilmengen der Halbgruppe H; ihr Komplexprodukt ist erklärt durch

$$UV = \{uv \mid u \in U \wedge v \in V\},$$

Insbesondere schreibt man auch

$$uV = \{u\}V \quad \text{bzw.} \quad Uv = U\{v\},$$

wenn eine der Mengen einelementig ist.

Naheliegend ist nun die

Definition 8: *Eine nichtleere Teilmenge* U *von* H *(Halbgruppe) heißt Unterhalbgruppe genau dann, wenn* $UU \subset U$ *gilt (*U *also abgeschlossen gegenüber der Halbgruppenmultiplikation ist).*

Seien U, V Unterhalbgruppen von H; seien $u, v \in U \cap V$. Dann folgt auch: $uv \in U \cap V$. Allgemeiner gilt der

Satz 1: $\{U_i; i \in I\}$ *sei eine Familie von Unterhalbgruppen einer Halbgruppe* H. *Dann ist auch* $\bigcap_{i \in I} U_i$ *eine Unterhalbgruppe von* H, *falls der Durchschnitt nicht leer ist.*

Die Vereinigung zweier Unterhalbgruppen U und V ist i. a. keine Unterhalbgruppe; es ist ja nicht gesagt, daß aus $u \in U$ und $v \in V$ folgt $uv \in U$ oder $uv \in V$ (die Produkte uv fehlen i. a. in $U \cup V$). Es gilt aber: uv liegt in jeder Unterhalbgruppe W mit

$$W \supset U \cup V$$

Die kleinste Unterhalbgruppe mit dieser Eigenschaft ist

$$(*)\quad U \sqcup V = \bigcap_{W \supset U \cup V} W$$

(das ist die kleinste Unterhalbgruppe, die die Vereinigung enthält). Zur Charakterisierung von $U \sqcup V$ geht man nun so vor:

Definition 9: V *sei eine nichtleere Teilmenge einer Halbgruppe* H. V^n *sei induktiv definiert durch (vgl. auch Bemerkung 5):*

$$V^1 = V,\quad V^{n+1} = VV^n \ (n \geqslant 1)$$

Dann heißt

$$V^* = \sum_{n \in N} V^n$$

die von V *erzeugte Unterhalbgruppe (von* H*).*

Es ist offensichtlich:

$$y \in V^* \Longleftrightarrow \bigvee_{n>0} \ \bigvee_{x_1, \ldots, x_n \in V} (x_1 \ldots x_n = y)$$

V* besteht also aus allen endlichen Produkten von Elementen aus V; deshalb ist V* auch eine Halbgruppe.

Satz 2: *Es gilt*

$$U \sqcup V = (U \cup V)^*.$$

Beweis: $\subset$: Es ist $(U \cup V)^* \supset U \cup V$, daraus folgt, daß $(U \cup V)^*$ unter den Mengen W von (*) vorkommt, deshalb gilt $U \sqcup V \subset (U \cup V)^*$.

$\supset$: Sei $y \in (U \cup V)^*$, dann ist $y = x_1 x_2 \ldots x_n$ für ein $n > 0$ und $x_1, x_2, \ldots, x_n \in U \cup V$. Ist W Unterhalbgruppe mit $W \supset U \cup V$, so folgt $y \in W$. Daher liegt y im Schnitt all dieser W, also gilt $y \in U \sqcup V$ und damit $U \sqcup V \supset (U \cup V)^*$. ■

Teilmengen V von H mit der Eigenschaft $V^* = H$ haben offensichtlich besondere Bedeutung, denn jedes $h \in H$ kann hier als Produkt von Elementen von V dargestellt werden (aber i. a. nicht notwendig eindeutig).

Definition 10: V *sei eine nichtleere Teilmenge der Halbgruppe* H. V *heißt Erzeugendensystem von* H *genau dann, wenn* $V^* = H$ *ist.*

Von besonderem Interesse sind natürlich endliche Erzeugendensysteme; ein wesentliches Beispiel dafür ist das Beispiel 3c: A sei ein Alphabet (also eine endliche Menge), $A^* = \sum_{i=0}^{\infty} A^i$ ist dann die von A erzeugte Halbgruppe (Wortmenge über A), sie ist hier durch Adjunktion des leeren Wortes zu einer (regulären) Halbgruppe mit Einselement geworden.

1.2. Determinierte Automaten

In diesem Abschnitt werden determinierte Automaten eingeführt und einige einfache Eigenschaften behandelt.

Definition 1: *Ein Automat* $\underline{A}$ *ist gegeben durch drei (nichtleere) Mengen:*

X *Menge der Eingabebuchstaben*[1])
Y *Menge der Ausgabebuchstaben*[1])
Z *Menge der Zustände*

und zwei auf $Z \times X$ *definierten Funktionen*

δ: $Z \times X \to Z$ *Überführungsfunktion*
λ: $Z \times X \to Y$ *Ergebnisfunktion*

Der Automat wird bezeichnet mit $\underline{A} = [X, Y, Z, \delta, \lambda]$.

Bemerkung 1: Der eben definierte Automatentyp geht auf *MEALY* zurück; er beschränkte seine Definition aber auf den Fall, in dem X, Y, Z endliche Mengen, also Alphabete sind. Man spricht dann von Eingabe-, Ausgabe- bzw. Zustandsalphabet. Die Elemente von X^*, Y^*, Z^* heißen dann Eingabe-, Ausgabe- bzw. Zustandswörter; die Halbgruppen selbst entsprechend Eingabe-, Ausgabe-, Zustandshalbgruppe. ■

Bemerkung 2: Die diskrete Arbeitsweise des Automaten ist bereits in der Einleitung beschrieben worden. Die Argumente der Funktion δ und λ sind Buchstabenpaare. Wird nun in einer Folge von n aufeinanderfolgenden Takten die Buchstabenfolge $x_1, x_2, \ldots, x_n$ ($x_i \in X \ \forall i$), also das Wort $x_1 x_2 \ldots x_n \in X^*$ eingegeben, so wird natürlich (taktweise) auch eine Buchstabenfolge $y_1, y_2, \ldots, y_n$ ($y_i \in Y \ \forall i$), also ein Wort $y_1 y_2 \ldots y_n \in Y^*$ ausgegeben und der Automat durchläuft eine Zustandsfolge. Man kann nun den Definitionsbereich der Funktionen δ und λ auf Wörter erweitern, so daß der Automat $\underline{A}$ bei einem Anfangszustand $z \in Z$ und einem Eingabewort $p \in X^*$ schließlich in einen Zustand $z' \in Z$ übergeht und ein Wort $q \in Y^*$ ausgibt. Die Funk-

[1]) Im Falle nicht endlicher Mengen allgemeiner auch Signale genannt.

tionen haben als Argument jetzt also das Paar (Zustand, Eingabewort). Außerdem sind die Funktionswerte von δ und λ noch zu erklären, falls das leere Wort $e \in X^*$ eingegeben wird (zur Ein- bzw. Ausgabe des leeren Wortes wird kein Takt –also keine Zeit – benötigt). Die in den folgenden Definitionen erweiterten Funktionen δ und λ stimmen auf $Z \times X$ mit den ursprünglichen Funktionen überein; sie werden deshalb üblicherweise mit den gleichen Symbolen bezeichnet. ■

Definition 2: *Die Funktionen* δ *und* λ *werden rekursiv erweitert:*

$$\delta, \lambda\colon\ Z \times X^* \to Z, Y^* \quad \textit{mit}$$

$$\delta(z, e) = z, \quad \lambda(z, e) = e; \quad z \in Z,$$

$$\delta(z, px) = \delta(\delta(z, p), x), \quad \lambda(z, px) = \lambda(z, p)\, \lambda(\delta(z, p), x); \quad x \in X, \quad p \in X^*.$$

Als Ergänzung zu dieser Definition benötigt man noch den

Satz 1: *Für alle* $p, r \in X^*, z \in Z$ *gilt*

1. $\delta(z, rp) = \delta(\delta(z, r), p)$.
2. $\lambda(z, rp) = \lambda(z, r)\, \lambda(\delta(z, r), p)$.

Durch Spezialisierung $r = x \in X$ *erhält man sofort*

3. $\delta(z, xp) = \delta(\delta(z, x), p)$.
4. $\lambda(z, xp) = \lambda(z, x)\, \lambda(\delta(z, x), p)$.

Beweis: Induktion über p (genauer: über die Länge von p); der Anfangsschritt $p = e$ ist stets trivial. Man schließt von p auf px für beliebige $x \in X$:

$$
\begin{aligned}
1.\ \delta(z, rpx) &= \delta(\delta(z, rp), x) && \text{(Def. 2)}\\
&= \delta(\delta(\delta(z, r), p), x) && \text{(Ind.-Vor.)}\\
&= \delta(\delta(z, r), px) && \text{(Def. 2)}
\end{aligned}
$$

$$
\begin{aligned}
2.\ \lambda(z, rpx) &= \lambda(z, rp)\, \lambda(\delta(z, rp), x) && \text{(Def. 2)}\\
&= \lambda(z, r)\, \lambda(\delta(z, r), p)\, \lambda(\delta(z, rp), x) && \text{(Ind.-Vor.)}\\
&= \lambda(z, r)\, \lambda(\delta(z, r), p)\, \lambda(\delta(\delta(z, r), p), x) && \text{(nach 1)}\\
&= \lambda(z, r)\, \lambda(\delta(z, r), px) && \text{(Def. 2)}
\end{aligned}
$$
■

Nach Definition 2 und dem ergänzenden Satz 1 sind mit jedem Automaten $\underline{A}$ zwei Funktionen δ und λ festgelegt, deren zweite letztlich beschreibt, wie die Eingabe- in die Ausgabehalbgruppe zu überführen ist. Eine solche Abbildung (generell: Wortfunktion) heißt hier Automatenabbildung, denn sie wird ja von einem Automaten erzeugt. Die umgekehrte Frage – nämlich: Wann gibt es zu einer Wortfunktion $\varphi\colon X^* \to Y^*$ einen sie darstellenden Automaten? – ist natürlich von fundamentalem Interesse. Sie wird später ausführlich behandelt (vgl. hier aber schon Definition 10).

Außer dem in der Definition 1 erklärten Mealy-Automaten ist noch ein weiterer (aber speziellerer) Automatentyp von Interesse; er geht auf *MOORE* zurück: Bei ihm hängt der Ausgabebuchstabe $y \in Y$ nur vom neuen Zustand $\delta(z, x)$ ab – er hängt also nur mittelbar vom Eingabebuchstaben $x \in X$ ab.

Definition 3: *Ein Automat* $\underline{A} = [X, Y, Z, \delta, \lambda]$ *heißt Moore-Automat, wenn es eine auf Z definierte Funktion* $\mu: Z \to Y$ *gibt mit der Eigenschaft*

$$\lambda(z, x) = \mu(\delta(z, x)) \quad \forall x \in X, z \in Z.$$

μ *heißt Markierungsfunktion;* $\mu(z)$ *heißt Markierung des Zustands* $z \in Z$. *Ein Moore-Automat wird bezeichnet mit* $\underline{A} = [X, Y, Z, \delta, \mu]$.

Bemerkung 3: Bei Moore-Automaten $\underline{A} = [X, Y, Z, \delta, \mu]$ gilt für die Erweiterung von μ auf Wörter:

$$\lambda(z, px) = \lambda(z, p)\, \mu(\delta(\delta(z, p), x)) \quad \forall z \in Z, x \in X, p \in X^*$$

(vgl. Definition 2); man erhält dann offenbar (wieder nach Definition 2):

$$\lambda(z, px) = \lambda(z, p)\, \mu(\delta(z, px)).$$

Damit läßt sich μ entsprechend handhaben. ∎

Noch einige weitere Definitionen und Begriffe sind wichtig.

Definition 4: $\underline{A}$ *heißt partieller Automat, wenn die Funktionen* δ *und* λ *nur auf einer echten Teilmenge von* $Z \times X$ *definiert sind; ein Automat im Sinne der Definition 1 heißt dann auch vollständig bestimmter Automat.*

Definition 5: *Gegeben sei ein Automat* $\underline{A} = [X, Y, Z, \delta, \lambda]$. $\underline{A}$ *heißt* $\left\{\begin{matrix} X- \\ Y- \\ Z- \end{matrix}\right\}$ *endlich, wenn* $\left\{\begin{matrix} X \\ Y \\ Z \end{matrix}\right\}$ *eine endliche Menge ist. Entsprechend werden X, Y-endliche Automaten usw. erklärt. (Die ursprüngliche Definition von Mealy betrifft also X, Y, Z- endliche Automaten; man spricht in diesem Fall schlicht von endlichen Automaten.)*

Definition 6: $\underline{A}$ *heißt autonom genau dann, wenn X eine Einermenge ist (d. h.* $\text{Anz}(X) = |X| = 1$*).*

Definition 7: $\underline{A}$ *heißt schwach-initial, wenn es eine nichtleere Menge* $Z' \subset Z$ *gibt, wobei* Z' *die Menge von Anfangszuständen, d. h. möglichen Zuständen von* $\underline{A}$ *im Takt 1 ist (*$\underline{A}$ *befindet sich bei Arbeitsbeginn also stets in einem Zustand aus* Z'*).*
Im Fall $Z' = Z$ *heißt* $\underline{A}$ *auch nicht-initial.*
Im Fall $Z' = \{z'\}$ $(|Z'| = 1)$ *heißt* $\underline{A}$ *initial;* z' *heißt dann Anfangszustand; Bezeichnung:*

schwach-initialer Automat: $\underline{A} = [X, Y, Z, \delta, \lambda, Z']$
initialer Automat: $\underline{A} = [X, Y, Z, \delta, \lambda, z']$.

Definition 8: *Der Automat* $\underline{A}' = [X', Y', Z', \delta', \lambda']$ *heißt Teilautomat von* $\underline{A} = [X, Y, Z, \delta, \lambda]$, *wenn* $X' \subset X, Y' \subset Y, Z' \subset Z$ *gilt sowie* δ' *und* λ' *die Restriktionen der Funktionen* δ *und* λ *auf* $Z' \times X' \subset Z \times X$ *sind.*

Definition 9: $\underline{A} = [X, Y, Z, \delta, \lambda]$ *heißt Medwedjew-Automat (Automat ohne Ausgabe), wenn* $Y = Z$ *und* $\lambda = \delta$ *ist. Man bezeichnet einen solchen Automaten mit* $\underline{A} = [X, Z, \delta]$ *bzw. (falls* $\underline{A}$ *initial ist) mit* $\underline{A} = [X, Z, \delta, z']$.

Bei Untersuchungen, bei denen nur Zustandsübergänge bzw. nur die Zustände selbst von Interesse sind, setzt man i. a. solche Medwedjew-Automaten voraus (*Beispiel:* Zustandsklassifikation von stochastischen Automaten; *Claus* (1971), *Harnisch* (1972)). Natürlich kommt es auch vor, daß ein Medwedjew-Automat direkt Modell eines realen Systems ist (z. B. der Zählautomat).

Definition 10: *(Vgl. auch die Bemerkung nach Satz 1) Gegeben seien der Automat* $\underline{A} = [X, Y, Z, \delta, \lambda]$ *und ein* $z \in Z$. *Die Funktion* λ_z, *die einem Eingabewort* $p \in X^*$ *das Ausgabewort*

$$\lambda_z(p) = \lambda(z, p) \in Y^*$$

zuordnet, heißt die vom Zustand z *von* $\underline{A}$ *erzeugte Abbildung.* $\{\lambda_z \mid z \in Z\}$ *heißt Abbildungsfamilie des Automaten* $\underline{A}$. *Im Falle eines initialen Automaten* $\underline{A}$ *heißt die vom Anfangszustand erzeugte Abbildung einfach die von* $\underline{A}$ *erzeugte Abbildung.*

Bisher wurde hier im wesentlichen stets nur ein einzelner Automat betrachtet. Von Interesse sind nun aber offensichtlich Fragen wie etwa die nach äquivalenten Vereinfachungen gegebener Automaten oder nach Zusammenhängen oder Beziehungen zwischen mehreren Automaten (Vergleich von Automaten). Solchen Fragen und Problemstellungen sind u. a. die folgenden Kapitel gewidmet.

Hier soll jetzt noch knapp auf eine Möglichkeit der Darstellung oder Beschreibung von endlichen Automaten eingegangen werden.

Einen endlichen Automaten kann man stets durch Angabe von Überführungs- und Ergebnistabellen charakterisieren:

δ	z_1	...	z_n
x_1	$\delta(z_1, x_1)$		
⋮			
x_n			$\delta(z_n, x_n)$

Überführungstabelle

λ	z_1	...	z_n
x_1	$\lambda(z_1, x_1)$		
⋮			
x_n			$\lambda(z_n, x_n)$

Ergebnistabelle

Eine andere, anschaulichere Methode ist die Beschreibung des Automaten durch einen ebenen, gerichteten Graphen. (Die einfachsten Grundbegriffe der Graphentheorie werden als bekannt vorausgesetzt.) Zustände werden durch Knoten und Zustandsübergänge (Transitionen) durch gerichtete Kanten gekennzeichnet; eine Kante wird außer mit dem zugehörigen Eingabebuchstaben auch mit dem bei dieser Transition ausgegebenen Buchstaben beziffert.

Definition 11: *Gegeben sei der endliche Automat* $\underline{A} = [X, Y, Z, \delta, \lambda]$. *Der Graph von* $\underline{A}$ *ist*

$$G_{\underline{A}} = [Z, K, \alpha_{\underline{A}}] \quad \textit{mit}$$

$$K = \{[z, x, y] \mid z \in Z, x \in X \wedge y = \lambda(z, x)\}$$

$$\alpha_{\underline{A}} : K \to Z \times Z.$$

K *ist die sogenannte Kantenmenge; dabei gilt für alle Kanten* $[z, x, y] \in K$:

$$\alpha_{\underline{A}}([z, x, y]) = [z, \delta(z, x)]$$

(Kante von z *nach* $\delta(z, x)$ *bei Eingabe von* x *und Ausgabe von* y*).*

Die Zustände von $\underline{A}$ sind die Knotenpunkte von $G_{\underline{A}}$, die Kante $[z, x, y]$ von $G_{\underline{A}}$ führt also vom Knotenpunkt z zum Knotenpunkt $\delta(z, x)$.

Beispiel 1: $\underline{A} = [\{0, 1\}, \{0, 1\}, \{a, b\}, \delta, \lambda]$ mit

δ	a	b
0	a	a
1	b	b

λ	a	b
0	0	1
1	0	1

Der Graph sieht dann so aus:

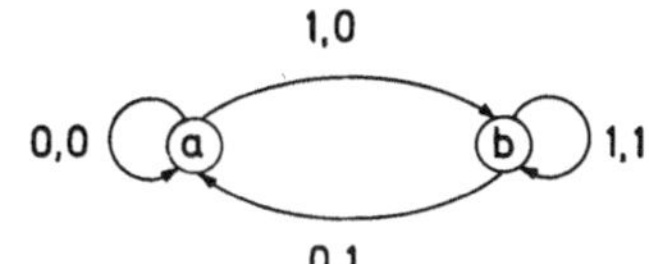

Bild 1

An die Kanten werden nur die Angaben x, y geschrieben, der neue Zustand wird durch einen Pfeil bestimmt.

Dieser Automat ist kein Moore-Automat, denn es existiert kein μ mit

$$\lambda(z, x) = \mu(\delta(z, x)) \cdot \forall z, x.$$

Es ist ja:

$$\delta(a, 1) = b, \quad \lambda(a, 1) = 0 \Rightarrow \mu(b) = 0$$
$$\delta(b, 1) = b, \quad \lambda(b, 1) = 1 \Rightarrow \mu(b) = 1.$$

Das ist aber ein Widerspruch gegen die Eindeutigkeit von μ.

Aus dieser Betrachtung folgt noch:

Offenbar ist ein (endlicher) Mealy-Automat $\underline{A}$ genau dann ein Moore-Automat, wenn in $G_{\underline{A}}$ bei jedem Knotenpunkt $z' \in Z$ alle Kanten $[z, x, y]$, die zum Knotenpunkt z' führen (also mit $z' = \delta(z, x)$), dieselbe dritte Koordinate haben. Bei einem Moore-Automaten $\underline{A} = [X, Y, Z, \delta, \mu]$ kann man dann die Graphendarstellung noch etwas vereinfachen: An die Kante $[z, x, y]$ wird lediglich die Angabe x geschrieben und für alle z wird am Knotenpunkt die zugehörige Ausgabe $\mu(z)$ notiert (vgl. dazu das folgende Beispiel).

Beispiel 2: Gegeben sei der Moore-Automat

$$\underline{A} = [\{0, 1\}, \{0, 1\}, \{a, b\}, \delta, \mu]$$

mit

δ	a	b
0	a	a
1	b	b

λ	a	b
0	0	0
1	1	1

⇐

μ	
a	0
b	1

Der zugehörige Graph sieht dann so aus:

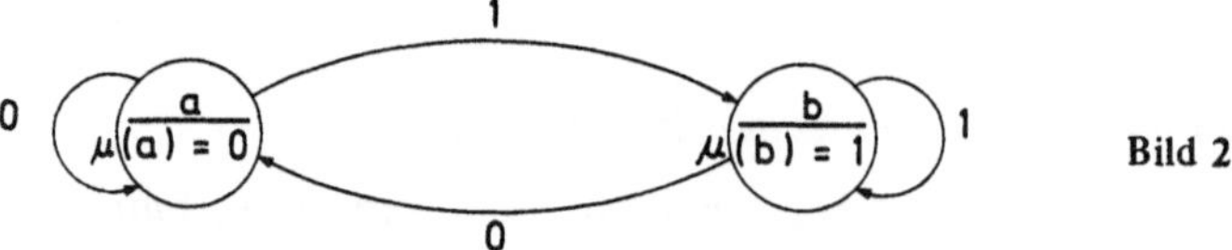

Bild 2

Beispiel 3: Gegeben sei der (initiale) Automat

$\underline{A} = [X, Y, Z, \delta, \lambda, z']$ mit

$X = \{\binom{0}{0}, \binom{0}{1}, \binom{1}{0}, \binom{1}{1}\}$, $Y = \{0, 1\}$, $Z = \{a, b\}$, $z' = a$

δ	a	b	λ	a	b
$\binom{0}{0}$	a	a		0	1
$\binom{0}{1}$	a	b		1	0
$\binom{1}{0}$	a	b		1	0
$\binom{1}{1}$	b	b		0	1

Der zugehörige Graph sieht folgendermaßen aus:

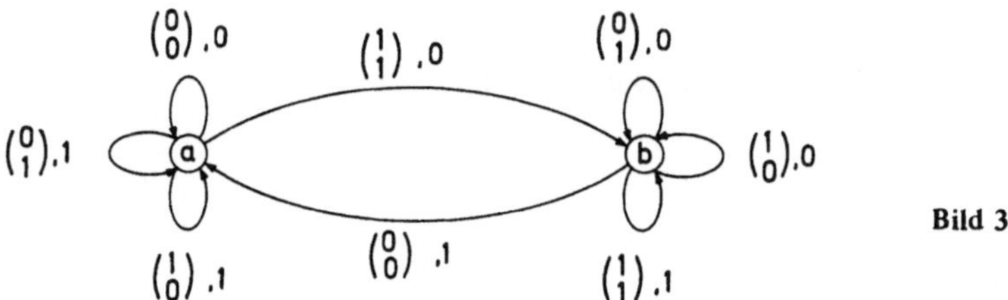

Bild 3

Es gilt etwa (wie man leicht ablesen kann):

$$\lambda(z', \binom{0}{1}\binom{1}{1}\binom{1}{0}\binom{1}{1}\binom{1}{1}\binom{0}{0}\binom{1}{1}\binom{1}{0}\binom{0}{0}) = 100111001.$$

Der Automat $\underline{A}$ addiert offensichtlich Dualzahlen, a ist der Zustand „kein Übertrag", b ist der Zustand „Übertrag".

In der folgenden Darstellung werden natürlich noch eine ganze Reihe weiterer Beispiele für Automaten angegeben.

1.3. Verallgemeinerungen

In diesem Abschnitt wird auf eine Verallgemeinerung des in der Definition 1 von Abschnitt 1.2 erklärten Automaten eingegangen. Abschließend werden noch einige andere Begriffe erwähnt.

Naheliegend ist die folgende Verallgemeinerung des Mealy-Automaten: Man ersetzt die Funktionen δ und λ durch (allgemeinere) Relationen, man verzichtet also auf die Eindeutigkeit der Abbildungen. Ein Automat wird dann als „Relationalstruktur" aufgefaßt;

das führt schließlich auch auf den Begriff des nichtdeterminierten Automaten (vgl.: *Böhling/Indermark* (1969), *Starke* (1969)).

Definition 1: *Gegeben sei eine Menge* M*; die* n*-te Potenz sei* $M^n = M \dots M$ *(Komplexprodukt; Gesamtheit aller geordneten* n*-Tupel* $a_1 \dots a_n$ *mit* $a_i \in M$*). Jede Untermenge* R *von* M^n *erzeugt dann in der Menge* M *eine* n*-äre Relation:*

nullär: etwa Auswahl eines bestimmten Elements,
unär: etwa Bestimmung des Inversen,
binär,
ternär,
...

Man schreibt:

$$R(a_1, \dots, a_n) \Longleftrightarrow a_1 \dots a_n \in R$$

(die Elemente $a_1, \dots, a_n$ *befinden sich in der Relation* R *zueinander)*[1]).

Definition 2: J *sei eine beliebige Indexmenge und* $R_i (i \in J)$ *eine* n_i*-äre Relation* $(n_i = 0, 1, 2, \dots)$ *in einer Menge* U*. Dann heißt*

$$R = \langle U, \{R_i\}_{i \in J} \rangle$$

eine Relationalstruktur vom Typus $\Delta = \langle n_i \rangle_{i \in J}$.

Wesentlich kennzeichnend für einen Automaten – in diesem Zusammenhang auch als sequentielle Maschine bezeichnet – sind Eingabe-, Ausgabe- und Zustandsalphabet X, Y, Z. Als Trägermenge U der Relationalstruktur wählt man nun $U = X \cup Y \cup Z$. Durch geeignete Relationen auf U läßt sich nun die sequentielle Maschine beschreiben (daher der Name „Relationalstruktur" für einen Automaten).

Bei einer sequentiellen Maschine unterscheidet man dann vier Arten von Transitionen (Zustandsübergängen):

1. *autonome Transition:* keine Ein- und Ausgabe; spontane Zustandsübergänge, beschrieben durch die Relation $\tau_1 \subset Z \times Z$
   $\tau_1(z, z')$: spontane Zustandsänderung von z in z';
2. *eingabeabhängige Transition:* beschrieben durch $\tau_2 \subset Z \times X \times Z$
   $\tau_2(z, x, z')$: Übergang vom Zustand z bei Eingabe von x in den Zustand z';
3. *ausgabeabhängige Transition:* beschrieben durch $\tau_3 \subset Z \times Y \times Z$
   $\tau_3(z, y, z')$: Übergang vom Zustand z in den Zustand z' bei Ausgabe von y;
4. *ein- und ausgabeabhängige Transition:* beschrieben durch $\tau_4 \subset Z \times X \times Y \times Z$
   $\tau_4(z, x, y, z')$: Zustandsübergang von z nach z' bei Eingabe von x und unter Ausgabe von y.

Diese Transitions- und Ausgaberelationen geben natürlich nur Möglichkeiten an, denn die Elemente z' und y sind ja i.a. (eben wegen der allgemeinen Relationen) nicht eindeutig

---

1) Der Begriff Relation ist hier in einem Sonderfall erklärt.

bestimmt. Mit den obigen vier Relationen läßt sich nun das Verhalten von sequentiellen Maschinen allgemein angeben.

Definition 3: *Ein sequentielles System (Automat $\underline{A}$) ist eine Relationalstruktur* $\underline{A} = \langle U; \tau \rangle$ *mit* $U = X \cup Y \cup Z$ *und* $\tau = \{\tau_1, \tau_2, \tau_3, \tau_4\}$.

Die Interpretation und die Bedeutung sind klar.

Bemerkung 1: Einige Spezialfälle:

1. $\underline{A} = \langle Z; \tau_1 \rangle$ autonomes sequentielles System,
2. $\underline{A} = \langle X \cup Z; \tau_1, \tau_2 \rangle$ Information erkennendes sequentielles System mit bzw. ohne ($\tau_1 = \phi$) autonome Transition,
3. $\underline{A} = \langle Y \cup Z; \tau_1, \tau_3 \rangle$ Information erzeugendes sequentielles System mit bzw. ohne autonome Transition,
4. Systeme, die entweder die Relation τ_4 oder sowohl τ_2 als auch τ_3 enthalten; man spricht in diesem Fall von Verarbeitung von Information.[1] ■

Dieser letzte (interessanteste) Typ entspricht genau dem in anderen Literaturstellen nicht-determiniert genannten Automaten (*Starke* (1969)); auf ihn soll nun noch etwas näher eingegangen werden.

Es wird jetzt wieder im wesentlichen die Notation aus Abschnitt 1.2. benutzt.

Definition 4: $\underline{B} = [X, Y, Z, h]$ *heißt nicht-determinierter Automat (ND-Automat), falls* X, Y, Z *Alphabete (in bekannter Bedeutung) sind und* h *eine Abbildung*

$$h : Z \times X \to P(Y \times Z) - \phi$$

ist (P ist dabei die Potenzmenge).

Interpretation und Arbeitsweise sind klar (wie bei determinierten Automaten): Im Takt t liege die Situation $[z_t, x_t]$ vor; dann gilt für das Paar (Ausgabebuchstabe, neuer Zustand)

$$[y_t, z_{t+1}] \in h(z_t, x_t).$$

h hat als Wert also kein Buchstabenpaar, sondern i.a. eine Menge von Buchstabenpaaren. Man erklärt auch hier eine Überführungs- und eine Ergebnisfunktion.

Definition 5: *Gegeben sei der ND-Automat* $\underline{B} = [X, Y, Z, h]$. *Man erklärt*

a) *die Überführungsfunktion* $f : Z \times X \to P(Z) - \phi$ *mit*

$$f(z, x) = \{z' \mid \bigvee_{y \in Y} ([y, z'] \in h(z, x))\}$$

b) *Die Ergebnisfunktion* $g : Z \times X \to P(Y) - \phi$ *mit*

$$g(z, x) = \{y \mid \bigvee_{z' \in Z} ([y, z'] \in h(z, x))\}$$

Die Interpretation der Funktionen f und g ist klar. Wie die Erweiterung der Funktionen auf Wörter durchgeführt wird, ist offensichtlich. Diese Dinge sollen hier nicht weiter ver-

---

[1]) Auf die Erweiterung der Relationalstrukturen auf Wörter wird hier nicht eingegangen (vgl. dazu – und für weiteres: *Böhling/Indermark* (1969)).

folgt werden; bei stochastischen Automaten (vom Starkeschen Typ) geht man – allgemeiner – natürlich ganz analog vor.

Bei *Maurer* (1969) werden Automaten und Maschinen behandelt; ein Automat besitzt dort im Unterschied zur Maschine kein Ausgabealphabet. Automaten und Maschinen werden im Zusammenhang mit der Theorie der formalen Sprachen betrachtet und zwar bei Erkennungsverfahren: Ein Wort gehört dann zu einer formalen Sprache, wenn es vom Automaten oder von der Maschine akzeptiert wird, d.h. wenn die Maschine es abarbeitet ohne anzuhalten und dann in speziellen Endzuständen stehenbleibt. Diese Betrachtungen werden im Kapitel 7 wieder aufgegriffen; dort wird ein spezieller ND-Automat – der sogenannte Keller-Automat – erklärt (dieser Automatentyp ist auch der einzige nicht-determinierte Automat, der hier näher behandelt wird).

Turing-Maschinen und ihre Einordnung in die Automatentheorie sollen hier nicht betrachtet werden – man vergleiche dazu etwa *Hotz/Walter* (1969).

1.4. Algebraische Automaten

In der Automatentheorie hat sich in mancher Beziehung noch keine feste Bezeichnungsweise entwickelt. – Zunächst soll hier wieder der allgemeine Automatentyp der Definition 1 des Abschnitts 1.2 zugrundegelegt werden. Es gilt (im Fall endlicher Automaten) also

X Eingabe-, Y Ausgabe-, Z Zustandsalphabet und δ Überführungs-, λ Ergebnisfunktion.

Dieser allgemeine Fall des determinierten Automaten wird im 2. Kapitel behandelt.

Definition 1: *Ein Automat* $\underline{A} = [X, Y, Z, \delta, \lambda]$ *heißt algebraischer Automat, wenn eins (oder mehrere) der Alphabete außer der Halbgruppenstruktur noch eine weitere algebraische Struktur besitzt (besitzen).*

Beispiel 1: „Zählautomat" $\underline{A} = [X, Y, Z, \delta, \lambda]$. Es sei $X = \{1, 0, -1\}$, $Y = \phi$ (oder $Y = Z$), $Z = \{\text{Ganze Zahlen}\}$.

Die Funktion δ wird so erklärt:

$$\delta(z, x) = z + x \qquad (\lambda \text{ nicht erklärt oder } \lambda = \delta).$$

Z hat also außer der Halbgruppeneigenschaft noch eine weitere algebraische Struktur (Z ist ein Ring bezüglich der Multiplikation und der Addition).

Beispiel 2: Das wohl wesentlichste Beispiel, an das auch später wieder angeknüpft wird (Kapitel 5), ist der sogenannte lineare Automat (vgl. auch *Reusch* (1969)).

$p \in N$ sei eine Primzahl; der endliche Körper mit p Elementen wird bezeichnet mit $K_p = GF(p)$. Das 5-Tupel $\underline{A} = [X, Y, Z, \delta, \lambda]$ heißt genau dann linearer Automat, wenn

X, Y, Z lineare Räume über dem GF(p) sind (etwa arithmetische Vektorräume)[1] und δ und λ Funktionen sind mit

$$\forall z \in Z \wedge x \in X: \quad \begin{aligned} z' &= \delta(z, x) = \mathbf{A}z + \mathbf{B}x \in Z \\ y &= \lambda(z, x) = \mathbf{C}z + \mathbf{D}x \in Y. \end{aligned}$$

[1] Genauer natürlich: Zustände, Ein- und Ausgaben lassen sich durch Elemente dieser Vektorräume repräsentieren.

Dabei sind **A**, **B**, **C**, **D** Matrizen geeigneter Zeilen- und Spaltenzahl, deren Elemente aus dem GF(p) stammen. Man sagt hier auch: Das Gebilde

$$\underline{A} = [X, Y, Z, \mathbf{A}, \mathbf{B}, \mathbf{C}, \mathbf{D}]$$

heißt linearer Automat über dem GF(p).

Die vier Matrizen heißen charakterisierende Matrizen; die Matrix **A** heißt charakteristische Matrix von $\underline{A}$.

Konkretes Beispiel: Gegeben seien die folgenden Matrizen über dem GF(5):

$$\mathbf{A} = \begin{pmatrix} 0100 \\ 0010 \\ 0001 \\ 3422 \end{pmatrix}; \quad \mathbf{B} = \begin{pmatrix} 3 \\ 4 \\ 4 \\ 2 \end{pmatrix}; \quad \mathbf{C} = [1000]; \quad \mathbf{D} = [3],$$

$$X = \{x \mid x \in GF(5)\} = Y,$$

$$Z = \left\{ \begin{pmatrix} z_1 \\ z_2 \\ z_3 \\ z_4 \end{pmatrix} \mid z_i \in GF(5) \right\}$$

Das Verhalten des Automaten wird dann explizit durch die folgenden Gleichungen bestimmt:

$$\begin{aligned} z_1' &= z_2 + 3x \\ z_2' &= z_3 + 4x \qquad\qquad y = z_1 + 3x \\ z_3' &= z_4 + 4x \\ z_4' &= 3z_1 + 4z_2 + 2z_3 + 2z_4 + 2x. \end{aligned}$$

Lineare Automaten werden in der Theorie gewisser linearer Schaltwerke verwendet, sogenannter Quasi-Schieberegister. – Die Erweiterung der Funktionen δ und λ auf Wörter ist gemäß Definition 2 des Abschnitts 1.2. durchzuführen. An diese Dinge wird dann im Kapitel 5 angeknüpft werden.

Beispiel 3: Abschließend soll noch ein Beispiel für den nicht-algebraischen Fall gestreift werden: der topologische Automat (vgl. *Brauer* (1970)). Topologische Automaten können als Modelle von Analogrechnern verwendet werden. Ausgangspunkt ist hier wieder der Automat als Relationalstruktur (vgl. 1.3). – Ein topologisches sequentielles System (TS) ist ein Quadrupel

$$\underline{Q} = [X, Y, Z, \tau]$$

mit X, Y, Z sind topologische Räume und der Relationenmenge $\tau = \{\tau_1, \ldots, \tau_4\}$ mit

$$\tau_1 \subset Z \times Z; \tau_2 \subset Z \times X \times Z; \tau_3 \subset Z \times Y \times Z; \tau_4 \subset Z \times X \times Y \times Z;$$

wobei $\tau_1, \ldots, \tau_4$ abgeschlossene Mengen sind.

Die Interpretation von X, Y, Z und $\tau_1, \ldots, \tau_4$ ist die gleiche wie bei der Relationalstruktur aus Abschnitt 1.3.. – Bei einem topologischen Automaten nimmt *Brauer* noch zum TS-System eine Menge Z_a von Anfangs- und eine Menge Z_e von Endzuständen hinzu. Der

Sonderfall der endlichen diskreten TS-Systeme, bei denen X, Y und Z endliche diskrete topologische Räume sind, ist der Fall der gewöhnlichen sequentiellen Systeme im Sinne von *Böhling/Indermark* (1969) – vgl. auch Abschnitt 1.3.. Man betrachtet hier insbesondere die Klasse der kompakten TS-Systeme und die Klasse der kompakten metrischen TS-Systeme.

Zum Schluß dieses Kapitels soll noch eine grundsätzliche Bemerkung angefügt werden: Algebraische Automatentheorie (für den Fall determinierter Automaten) betreiben heißt auch, daß bei der Entwicklung der Theorie weitgehend algebraische Methoden verwendet werden.

„Automaten werden als gebraische Strukturen aufgefaßt und in Analogie zur Gruppen- oder Ringtheorie werden Beziehungen zwischen algebraischen Strukturen, wie Halbgruppen, Gruppen und Ringen einerseits und Klassen von (determinierten) Automaten untersucht" (*Starke* (1969)). Vergleiche insbesondere: *Deussen* (1971), *Ehrig/Pfender* (1972).

2. Allgemeine Automaten

In diesem Kapitel soll der in der Definition 1 des Abschnitts 1.2 erklärte allgemeine Automatentyp näher behandelt werden; die grundlegenden Eigenschaften des allgemeinen Typs werden betrachtet und insbesondere wird auf Reduktion, Äquivalenz und Vergleich von Automaten eingegangen.

2.1. Äquivalenz und Reduktion von Automaten

Man nennt allgemein zwei Systeme gleichwertig oder auch äquivalent, wenn sie das Gleiche leisten, d. h. wenn sie gegenseitig ersetzt werden können. Bei Automaten bedeutet das insbesondere, daß sie stets gleiche Eingabewörter in gleiche Ausgabewörter überführen; d. h. natürlich auch, daß man bei den zwei betrachteten Automaten gleiches Eingabealphabet voraussetzt (in wichtigen Fällen von hier betrachteten Begriffen – etwa beim Zusammenhangsbegriff – sind die Automaten sogar identisch). Von tatsächlichem Interesse ist i.a. nur der Fall, in dem auch die beiden Ausgabealphabete übereinstimmen. OBdA wird außerdem in Zukunft vorausgesetzt, daß die Ausgabealphabete nur Buchstaben enthalten, die die Automaten tatsächlich ausgeben können. Die Darstellung in diesem Abschnitt folgt weitgehend der Darstellung bei *Starke* (1969).

Betrachtet werden hier zwei Automaten $\underline{A}$ und $\underline{A}'$, die das gleiche Eingabealphabet besitzen – sie werden bezeichnet mit

$$\underline{A} = [X, Y, Z, \delta, \lambda] \quad \text{bzw.} \quad \underline{A}' = [X, Y', Z', \delta', \lambda'].$$

Zunächst ist nicht notwendigerweise $Y = Y'$.

Definition 1:

a) *Zwei Zustände* $z \in Z \wedge z' \in Z'$ *heißen äquivalent genau dann, wenn gilt*

$$\bigwedge_{p \in X^*} (\lambda(z, p) = \lambda'(z', p))$$

(Bezeichnung: $z \sim z'$*).*

b) $\underline{A}$ *heißt in* $\underline{A}'$ *äquivalent eingebettet genau dann, wenn gilt*

$$\bigwedge_{z \in Z} \bigvee_{z' \in Z'} (z \sim z')$$

(Bezeichnung: $\underline{A} \precsim \underline{A}'$*).*

c) $\underline{A}$ *und* $\underline{A}'$ *heißen äquivalent genau dann, wenn gilt*

$$\underline{A} \precsim \underline{A}' \wedge \underline{A}' \precsim \underline{A}$$

(Bezeichnung: $\underline{A} \sim \underline{A}'$*).*

Bemerkung 1: Die Relation $\sim$ ist offensichtlich eine Äquivalenzrelation auf der Menge $Z \cup Z'$; denn sie ist reflexiv, transitiv und symmetrisch. Die Relation $\precsim$ ist auf der Automatenmenge lediglich reflexiv und transitiv: Anstelle der Symmetrie tritt hier das in der Definition 1c) Gesagte. – Bei äquivalenten Automaten gilt offensichtlich

$$\{y \mid \bigvee_{z \in Z} \bigvee_{x \in X} (y = \lambda(z, x))\} = \{y' \mid \bigvee_{z' \in Z'} \bigvee_{x \in X} (y' = \lambda'(z', x))\}.$$

Das bedeutet aber, daß bei äquivalenten Automaten die Ausgabealphabete übereinstimmen, wenn sie nur Buchstaben enthalten, die der Automat tatsächlich ausgeben kann. 0BdA kann also im folgenden vorausgesetzt werden:

$$\underline{A} \sim \underline{A}' \Rightarrow Y = Y'. \blacksquare$$

Bemerkung 2: (Vgl. dazu auch die Definition 10 des Abschnitts 1.2). Zwei Automaten $\underline{A}$ und $\underline{A}'$ mit gleichem Ein- und Ausgabealphabet X bzw. Y seien äquivalent, also $\underline{A} \sim \underline{A}'$. Diese beiden Automaten erzeugen dann offenbar die gleiche Abbildungsfamilie von X^* in Y^*. Sind speziell $\underline{A}$ und $\underline{A}'$ initial, so nennt man sie initial äquivalent, falls ihre Anfangszustände die gleiche Abbildung von X^* in Y^* erzeugen, d. h. falls gilt $z_0 \sim z_0'$ (also falls die Initialzustände äquivalent sind). ■

Bemerkung 3: Die Definition 1a) umfaßt selbstverständlich auch den wichtigen Fall $\underline{A} = \underline{A}'$ (Automaten heißen natürlich dann gleich, wenn die entsprechenden Mengen und Funktionen übereinstimmen). Man sagt dann (für $z, z' \in Z$):

$$z \sim z' \Longleftrightarrow \lambda(z, p) = \lambda(z', p) \; \forall \, p \in X^*. \blacksquare$$

Über die Äquivalenz von Nachfolgezuständen gilt der

Satz 1: $\underline{A} = [X, Y, Z, \delta, \lambda]$ *und* $\underline{A}' = [X, Y', Z', \delta', \lambda']$ *seien zwei beliebige Automaten; sei* $z \in Z$ *und* $z' \in Z'$. *Dann gilt:*

$$z \sim z' \Rightarrow \delta(z, p) \sim \delta'(z', p) \; \forall \, p \in X^*.$$

Beweis: Sei $z \sim z'$ und $p \in X^*$; dann gilt für alle $r \in X^*$:

$$\lambda(z, pr) = \lambda'(z', pr) \Rightarrow \text{(nach Satz 1 des Abschnitts 1.2)}$$
$$\lambda(z, p)\, \lambda(\delta(z, p), r) = \lambda'(z', p)\, \lambda'(\delta'(z', p), r).$$

Wegen der Regularität der Ausgabehalbgruppe Y^* gilt dann

$$\lambda(\delta(z, p), r) = \lambda'(\delta'(z', p), r) \; \forall \, r \in X^*,$$

d. h. aber

$$\delta(z, p) \sim \delta'(z', p) \; \forall \, p \in X^*. \blacksquare$$

Ein Moore-Automat hat in gewissem Sinn eine angenehmere Struktur als ein Mealy-Automat. Der nächste Satz zeigt, daß man zu jedem Mealy-Automaten einen ihm äquivalenten Moore-Automaten finden kann (man beachte dabei, daß an Moore-Automaten stärkere Bedingungen gestellt werden).

Satz 2: *Zu jedem Mealy-Automaten* $\underline{A} = [X, Y, Z, \delta, \lambda]$ *gibt es einen ihm äquivalenten Moore-Automaten* $\underline{A}_M = [X, Y, Z_M, \delta_M, \mu_M]$. *Speziell gilt noch: Ist* $\underline{A}$ *X, Z-endlich oder Y, Z-endlich, so kann* $\underline{A}_M$ Z_M*-endlich gewählt werden.*

Beweis: (Konstruktiver Beweis). Es sei $Z_M = Y \times Z$, für $[y, z] \in Z_M$ sei

$$\delta_M([y, z], x) = [\lambda(z, x), \delta(z, x)]$$
$$\mu_M([y, z]) = y.$$

Damit sind Z_M, δ_M, μ_M festgelegt; $\underline{A}_M = [X, Y, Z_M, \delta_M, \mu_M]$ ist offensichtlich ein Moore-Automat. Zu zeigen ist dann noch die Äquivalenz mit $\underline{A}$:

Behauptung: Für alle $z \in Z$, $y \in Y$ ist der Zustand $[y, z] \in Z_M$ äquivalent zum Zustand $z \in Z$, d. h. es gilt

$$\lambda_M([y, z], p) = \mu_M(\delta_M([y, z], p) = \lambda(z, p) \ \forall p \in X^*.$$

Das zeigt man durch Induktion über (die Länge von) p:

$$p = e\colon\ \lambda_M([y, z], e) = e = \lambda(z, e) \quad \text{(Induktionsverankerung)},$$
$$\text{Ind.-Vor.:}\ \lambda_M([y, z], p) = \lambda(z, p)\ \forall p \in X^*,$$
$$\text{zu zeigen:}\ \lambda_M([y, z], px) = \lambda(z, px)\ \forall p \in X^* \wedge \forall x \in X.$$

Es gilt:

$$\begin{aligned}\lambda_M([y, z], px) &= \lambda_M([y, z], p)\ \lambda_M(\delta_M([y, z], p), x)\\ &= \lambda(z, p)\ \mu_M(\delta_M(\delta_M([y, z], p), x))\\ &= \lambda(z, p)\ \mu_M(\delta_M([y, z], px)).\end{aligned}$$

Es ist aber

$$\delta_M([y, z], px) = [\lambda(\delta(z, p), x), \delta(z, px)]\ \forall p \in X^*.$$

Diese Behauptung wird ebenfalls durch Induktion über p gezeigt:

$$p = e\colon\ \delta_M([y, z], x) = [\lambda(z, x), \delta(z, x)].$$

Der Induktionsschritt von p nach x'p ist

$$\begin{aligned}\delta_M([y, z], x'px) &= \delta_M(\delta_M([y, z], x'), px)\\ &= \delta_M([\lambda(z, x'), \delta(z, x')], px)\\ &= [\lambda(\delta(\delta(z, x'), p), x), \delta(\delta(z, x'), px)]\\ &= [\lambda(\delta(z, x'p), x), \delta(z, x'px)].\end{aligned}$$

Man erhält dann

$$\begin{aligned}\lambda_M([y, z], px) &= \lambda(z, p)\ \mu_M([\lambda(\delta(z, p), x), \delta(z, px)])\\ &= \lambda(z, p)\ \lambda(\delta(z, p), x)\\ &= \lambda(z, px).\end{aligned}$$

Das war zu zeigen. Aus der X, Z-Endlichkeit von $\underline{A}$ folgt die Y, Z-Endlichkeit, denn Y enthält nach (genereller) Voraussetzung nur Buchstaben, die $\underline{A}$ wirklich ausgeben kann. Daher gilt speziell noch:

$$|Z_M| = |Y| \cdot |Z|$$

(also die Z_M-Endlichkeit von $\underline{A}_M$). ■

Einen etwas anderen (aber auch konstruktiven) Beweis dieses Satzes findet man bei *Gluschkow* (1963).

Beispiel 1: Der Mealy-Automat $\underline{A} = [X, Y, Z, \delta, \lambda]$ mit $X = Y = \{0, 1\}$ und $Z = \{a, b, c\}$ sei durch den folgenden Graphen bestimmt:

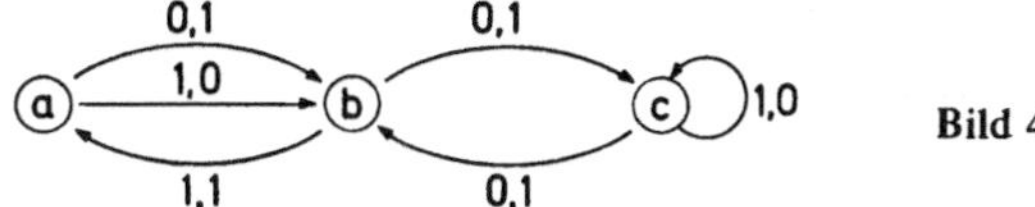

Bild 4

Mit $(0, a) = m$, $(0, b) = n$, $(0, c) = o$, $(1, a) = p$, $(1, b) = q$ und $(1, c) = r$ sieht der Graph des nach Satz 2 konstruierten zu $\underline{A}$ äquivalenten Moore-Automaten $\underline{A}_M$ folgendermaßen aus:

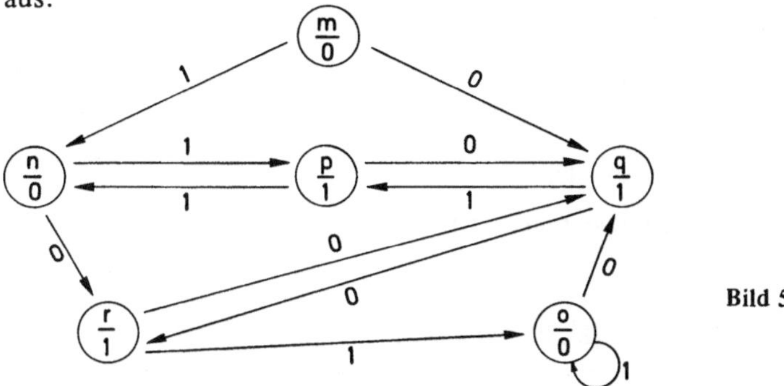

Bild 5

Eine weitere wichtige Aussage gibt der

Satz 3: *Der Automat* $\underline{A}' = [X, Y, Z', \delta', \lambda']$ *sei äquivalent eingebettet in den Automaten* $\underline{A} = [X, Y, Z, \delta, \lambda]$. *Dann existiert ein Teilautomat* $\underline{A}''$ *von* $\underline{A}$, *der zu* $\underline{A}'$ *äquivalent ist.*

Beweis: Sei $Z'' = \{z \mid z \in Z \wedge \bigvee_{z' \in Z'} (z' \sim z)\} \subset Z$. Für $z'' \in Z''$ und $x \in X$ ist $\delta(z'', x) \in Z''$, denn zu z'' existiert ein äquivalenter Zustand z' von $\underline{A}'$, d. h. die Zustände $\delta(z'', x)$ und $\delta'(z', x)$ sind äquivalent, also ist $\delta(z'', x) \in Z''$.

Die Restriktionen von δ bzw. λ auf die Menge $Z'' \times X$ seien δ'' bzw. λ''; dann ist

$$\underline{A}'' = [X, Y'', Z'', \delta'', \lambda''] \quad \text{mit} \quad Y'' = \{\lambda''(z'', x) \mid z'' \in Z'' \wedge x \in X\}$$

ein Teilautomat von $\underline{A}$, der nach Konstruktion zu $\underline{A}'$ äquivalent ist. ■

Die beiden folgenden Sätze (insbesondere Satz 5) sind Äquivalenzkriterien für die Zustände zweier bzw. eines Automaten.

Satz 4: $\underline{A} = [X, Y, Z, \delta, \lambda]$ *und* $\underline{A}' = [X, Y, Z', \delta', \lambda']$ *seien zwei Automaten und es sei* $z \in Z, z' \in Z'$. *Dann folgt (mit einem* $n \geqslant 0$*) aus*

$$\lambda(z, p) = \lambda'(z', p) \wedge \delta(z, p) \sim \delta'(z', p) \; \forall p \in X^*$$

mit $l(p) = n$, *daß die Zustände* z *und* z' *äquivalent sind.*

Beweis: Zu zeigen ist, daß aus den Voraussetzungen des Satzes folgt

$$\lambda(z, q) = \lambda'(z', q) \; \forall q \in X^* \quad \text{mit} \quad l(q) \geqslant n \wedge l(q) < n$$

(dies bedeutet nach Definition 1 ja gerade die Äquivalenz von z und z'; für n = 0 ist der Satz natürlich trivial).

a) Sei $l(q) \geqslant n$: Dann setzt man

$$q = \bar{q}\bar{\bar{q}} \text{ mit } \bar{q}, \bar{\bar{q}} \in X^* \wedge l(\bar{q}) = n, l(\bar{\bar{q}}) = l(q) - n.$$

Es ist

$$\lambda(z, q) = \lambda(z, \bar{q})\, \lambda(\delta(z, \bar{q}), \bar{\bar{q}}).$$

Wegen $l(\bar{q}) = n$ folgt aus $\lambda(z, \bar{q}) = \lambda'(z', \bar{q}) \wedge \delta(z, \bar{q}) \sim \delta'(z', \bar{q})$ die Gleichung

$$\lambda(z, q) = \lambda'(z', \bar{q})\, \lambda'(\delta'(z', \bar{q}), \bar{\bar{q}}) = \lambda'(z', q).$$

b) Sei $l(q) = k < n$ $(n > 0)$; sei $r \in X^*$, $l(r) = n - k$. Mit $l(qr) = n$ folgt aus $\lambda(z, qr) = \lambda'(z', qr)$ die Gleichung

$$\lambda(z, q)\, \lambda(\delta(z, q), r) = \lambda'(z', q)\, \lambda'(\delta'(z', q), r)$$

und daraus wegen der Definition der Gleichheit von Wörtern

$$\lambda(z, q) = \lambda'(z', q).$$

Aus a) und b) folgt dann wegen $\lambda(z, q) = \lambda'(z', q)\ \forall q \in X^*$:

$z \sim z'$. ∎

Dieser Satz läßt sich natürlich für den Fall n = 1 einfacher formulieren und beweisen – die hier gegebene Formulierung ist jedoch allgemeiner; ggf. lassen sich die so angegebenen Voraussetzungen auch leichter prüfen. Der Sonderfall des Satzes für n = 1 lautet dann: Beliebige Zustände $z \in Z$ und $z' \in Z'$ von Automaten $\underline{A}$ bzw. $\underline{A}'$ sind genau dann äquivalent, wenn

$$\bigwedge_{x \in X} (\lambda(z, x) = \lambda'(z', x) \wedge \delta(z, x) \sim \delta'(z', x)) \quad \text{gilt.}$$

Der nächste Satz gibt nun ein Äquivalenzkriterium für die Zustände eines Automaten.

Satz 5: $\underline{A} = [X, Y, Z, \delta, \lambda]$ *sei ein Z-endlicher, aber sonst beliebiger Automat; es sei* $|Z| = n > 0$. *Seien* $z, z' \in Z$, *dann gilt*

$$z \sim z' \Longleftrightarrow \lambda(z, p) = \lambda(z', p)\ \forall p \in X^* \ \textit{mit}\ l(p) = n - 1$$

Beweis: Es wird induktiv eine Folge $\mathcal{Z}(\underline{A}) = (z_i)$ von Zerlegungen der Menge Z definiert. Der Anfangsschritt ist $i = 1$: z_1 sei diejenige Zerlegung von Z, bei der für $z, z' \in Z$ gilt:

(1) jedes $z \in Z$ liegt in genau einer Klasse $K_1 \in z_1$

(2) $z, z' \in K_1 \Longleftrightarrow \lambda(z, x) = \lambda(z', x)\ \forall x \in X.$

Für $i \geqslant 1$ sei z_{i+1} diejenige Zerlegung von Z in nichtleere Klassen, bei der für $z, z' \in Z$ gilt:

(1') jedes $z \in Z$ liegt in genau einer Klasse $K_{i+1} \in z_{i+1}$

(2') $z, z' \in K_{i+1} \Longleftrightarrow \bigvee_{K_i \in z_i} (z, z' \in K_i) \wedge \bigwedge_{x \in X} \bigvee_{\bar{K}_i \in z_i} (\delta(z, x), \delta(z', x) \in \bar{K}_i).$

Aus dieser Konstruktion sieht man, daß für alle i die Zerlegung z_{i+1} eine Vereinfachung der Zerlegung z_i ist. Der Beweis wird nun in drei Schritten geführt.

a) *Behauptung:* Es gilt

$$\bigvee_{K_i \in z_i} (z, z' \in K_i) \Longleftrightarrow \bigwedge_{\substack{p \in X^* \\ l(p) = i}} (\lambda(z, p) = \lambda(z', p))$$

Der Beweis erfolgt durch Induktion über i : i = 1 ist nach Definition von z_1 trivial; man schließt von i auf i + 1. Aus dem Beweis von Satz 4 folgt $\forall z, z' \in Z$:

$$\bigwedge_{\substack{p \in X^* \\ l(p) = i+1}} (\lambda(z, p) = \lambda(z', p)) \Longleftrightarrow \bigwedge_{\substack{p \in X^* \\ l(p) \leqslant i+1}} (\lambda(z, p) = \lambda(z', p))$$

Daraus und aus der Induktionsvoraussetzung erhält man:

$$\bigwedge_{\substack{p \in X^* \\ l(p) = i+1}} (\lambda(z, p) = \lambda(z', p))$$

$$\Longleftrightarrow \bigwedge_{\substack{p \in X^* \\ l(p) \leqslant i}} (\lambda(z, p) = \lambda(z', p)) \wedge \bigwedge_{x \in X} \bigwedge_{\substack{p \in X^* \\ l(p) \leqslant i}} (\lambda(z, xp) = \lambda(z', xp))$$

$$\Longleftrightarrow \bigvee_{K_i \in z_i} (z, z' \in K_i) \wedge \bigwedge_{x \in X} \bigwedge_{\substack{p \in X^* \\ l(p) \leqslant i}} (\lambda(\delta(z, x), p) = \lambda(\delta(z', x), p))$$

$$\Longleftrightarrow \bigvee_{K_i \in z_i} (z, z' \in K_i) \wedge \bigwedge_{x \in X} \bigvee_{\overline{K}_i \in z_i} (\delta(z, x), \delta(z', x) \in \overline{K}_i)$$

$$\Longleftrightarrow \bigvee_{K_{i+1} \in z_{i+1}} (z, z' \in K_{i+1}) \quad \text{(nach Definition der Klasse } K_{i+1}\text{)}.$$

b) *Behauptung:* Ist $z_i = z_{i+1}$, so ist auch $z_i = z_{i+j}$ für j = 1, 2, ...

Zu zeigen ist: $z_i = z_{i+1} \Rightarrow z_{i+1} = z_{i+2}$.

Für beliebige $z, z' \in Z$ gilt

$$\bigvee_{K_{i+2} \in z_{i+2}} (z, z' \in K_{i+2})$$

$$\Longleftrightarrow \bigvee_{K_{i+1} \in z_{i+1}} (z, z' \in K_{i+1}) \wedge \bigwedge_{x \in X} \bigvee_{\overline{K}_{i+1} \in z_{i+1}} (\delta(z, x), \delta(z', x) \in \overline{K}_{i+1})$$

$$\Longleftrightarrow \bigvee_{K_i \in z_i} (z, z' \in K_i) \wedge \bigwedge_{x \in X} \bigvee_{\overline{K}_i \in z_i} (\delta(z, x), \delta(z', x) \in \overline{K}_i)$$

(weil $z_i = z_{i+1}$ ist). Damit folgt aber:

$$\bigvee_{K_{i+2} \in z_{i+2}} (z, z' \in K_{i+2}) \Longleftrightarrow \bigvee_{K_{i+1} \in z_{i+1}} (z, z' \in K_{i+1}),$$

d. h. es ist dann: $z_i = z_{i+1} \Rightarrow z_{i+1} = z_{i+2}$.

c) *Behauptung:* Aus $z_i \neq z_{i+1}$ folgt $|z_i| \geqslant i + 1$.

Es genügt hierfür zu zeigen (wegen der Verfeinerungseigenschaft): $z_2 = z_1$, wenn z_1 nur eine Klasse enthält. Also:

$$|z_1| = 1 \Rightarrow \forall z, z' \in Z,\ x \in X \text{ ist } \lambda(z, x) = \lambda(z', x).$$

Nach Definition der Verfeinerung folgt dann $z_1 = z_2$. Nun kann der Beweis des Satzes abgeschlossen werden: Aus c) folgt mit b):

$$z_{n-1} = z_n = \ldots = z_{n+j},\ j \geqslant 0,$$

denn Z kann in höchstens n nichtleere Klassen zerlegt werden. Aus a) folgt

$$\begin{aligned} z \sim z' &\Longleftrightarrow z, z' \in \text{derselben Klasse von } z_j,\ j = 1, 2, \ldots \\ &\Longleftrightarrow z, z' \in \text{derselben Klasse von } z_{n-1} \end{aligned}$$

und das heißt, daß für alle $p \in X^*$ mit $l(p) = n - 1$ stets $\lambda(z, p) = \lambda(z', p)$ ist. ∎

Bemerkung 4: Bei einem endlichen Automaten $\underline{A} = [X, Y, Z, \delta, \lambda]$ ist die im vorstehenden Beweis verwendete Zerlegung offensichtlich algorithmisch[1] konstruierbar, d. h. aber auch, daß die Äquivalenz von Zuständen eine entscheidbare Relation ist. ∎

Beispiel 2: Gegeben sei der Automat $\underline{A} = [\{0, 1\}, \{0, 1\}, \{a, b, c, d, e\}, \delta, \lambda]$ mit

δ	a	b	c	d	e
0	d	e	d	d	d
1	c	c	e	b	a

λ	a	b	c	d	e
0	1	1	0	1	1
1	0	0	0	1	1

Die Zustände a und b sind äquivalent, denn es gilt – wie man durch Nachrechnen explizit prüfen kann –

$$\lambda(a, p) = \lambda(b, p) \quad \forall p \in X^4$$

(dabei ist $|X^4| = 16$; *Hinweis:* Man benutze den Graphen von $\underline{A}$.)

Definition 2: *Gegeben seien die beiden Automaten* $\underline{A} = [X, Y, Z, \delta, \lambda]$ *und* $\underline{A}' = [X, Y', Z', \delta', \lambda']$; *es sei* $Z \cap Z' = \phi$[2]. *Dann heißt der Automat*

$$\underline{A} + \underline{A}' = [X, Y \cup Y', Z + Z', \delta + \delta', \lambda + \lambda']$$

mit

$$(\delta + \delta')(z, x) = \begin{Bmatrix} \delta(z, x) \\ \delta'(z, x) \end{Bmatrix} \text{ und } (\lambda + \lambda')(z, x) = \begin{Bmatrix} \lambda(z, x), z \in Z \\ \lambda'(z, x), z \in Z' \end{Bmatrix} \forall z \in Z + Z', x \in X$$

die direkte Summe[3] *von* $\underline{A}$ *und* $\underline{A}'$.

---

[1] Algorithmisch heißt: endliches Verfahren, das durch eine endlich lange Vorschrift gegeben ist.

[2] OBdA, sonst ggf. Umbenennung von Zuständen.

[3] Produkte von Automaten werden z. B. bei *Gluschkow* (1963) betrachtet: auf diese Begriffsabbildungen wird hier nicht eingegangen.

Bemerkung 5: Offensichtlich gilt folgendes:

a) $\underline{A}$ und $\underline{A}'$ sind Teilautomaten von $\underline{A} + \underline{A}'$.
b) Für alle $z \in Z (z' \in Z')$ ist der Zustand z von $\underline{A}$ (z' von $\underline{A}'$) äquivalent zum Zustand $z(z')$ von $\underline{A} + \underline{A}'$.
c) Aus $z \in Z, z' \in Z'; |Z| = n, |Z'| = n'$ folgt

$$z \sim z' \Longleftrightarrow \bigwedge_{\substack{p \in X^* \\ l(p) = n+n'-1}} ((\lambda + \lambda')(z, p) = (\lambda + \lambda')(z', p)). \blacksquare$$

Das nächste zu behandelnde Problem ist das der Vereinfachung, der Reduktion von Automaten:

Ein vorliegender Automat soll durch einen (i.a. in irgendeinem, zu präzisierenden Sinne) einfacheren ersetzt werden, der das Gleiche leistet. Hier nimmt man die Anzahl der Zustände des Automaten als Maß für die „Einfachheit" (vgl. aber die Schlußbemerkung zu diesem Abschnitt). Wesentlich ist bei dieser Betrachtung das Konzept des sogenannten reduzierten Automaten.

Definition 3: *Der Automat* $\underline{A} = [X, Y, Z, \delta, \lambda]$ *heißt reduziert, wenn für alle* $z, z' \in Z$ *aus* $z \sim z'$ *stets* $z = z'$ *folgt. Der Automat* $\underline{A}'$ *heißt Reduzierter von* $\underline{A}$, *wenn* $\underline{A}'$ *reduziert und äquivalent zu* $\underline{A}$ *ist.*

Bemerkung 6: Offensichtlich ist ein Z-endlicher Automat $\underline{A}$ genau dann reduziert, wenn die feinste Zerlegung $\overline{z} = \{\{z\} \mid z \in Z\}$ von Z in $\mathcal{Z}(\underline{A})$ vorkommt (vgl. Satz 5). Die Reduzierbarkeit ist für (endliche) Automaten also eine entscheidbare Relation. ■

Beispiel 3: Betrachtet wird der autonome Automat

$$\underline{A} = [\{x\}, \{0, 1\}, N_0, \delta, \lambda] \quad \text{mit}$$
$$N_0 = \{0, 1, 2, \ldots\}; z \in N_0$$
$$\delta(z, x) = \begin{cases} 0, & \text{falls } z = 0 \\ z - 1, & \text{sonst} \end{cases}, \quad \lambda(z, x) = \begin{cases} 1, & \text{falls } z = 0 \\ 0, & \text{sonst} \end{cases}.$$

$\underline{A}$ ist reduziert, denn für zwei Zustände $k, m \in N_0$ mit (OBdA) $k < m$ gilt

$$\lambda(k, x^m) = 0^k 1^{m-k} \neq 0^m = \lambda(m, x^m)$$

(vgl. Definition der Potenz von Wörtern – hier Buchstaben); es gilt also nicht $k \sim m$ für $k \neq m$, d. h. $\underline{A}$ ist reduziert.

Satz 6: *Jeder Automat* $\underline{A}$ *besitzt einen Reduzierten. Wenn* $\underline{A}$ *endlich ist, kann der Reduzierte algorithmisch konstruiert werden.*

Beweis: $\overline{Z} = \{\overline{z} \mid z \in Z\}$ mit $\overline{z} = \{z' \mid z' \sim z \wedge z' \in Z\}$; wenn $\underline{A}$ endlich ist, kann man $\overline{Z}$ algorithmisch konstruieren, denn $\overline{Z}$ ist die Zerlegung z_{n-1}, wenn $|Z| = n$ ist. Für $\overline{z} \in \overline{Z}$, $x \in X$ definiert man:

$$\left.\begin{aligned} \overline{\delta}(\overline{z}, x) &= \overline{\delta(z', x)} \\ \overline{\lambda}(\overline{z}, x) &= \lambda(z', x) \end{aligned}\right\} \text{ falls } z' \in \overline{z} \text{ ist.}$$

Diese Definitionen sind vom Repräsentanten z' der Äquivalenzklasse $\overline{z}$ unabhängig, denn für alle z, z' ∈ Z gilt (vgl. Satz 4)

$$z \sim z' \Longleftrightarrow \bigwedge_{x \in X} (\delta(z, x) \sim \delta(z', x) \wedge \lambda(z, x) = \lambda(z', x))$$

$$z \sim z' \Longleftrightarrow \overline{z} = \overline{z'}.$$

$\overline{A} = [X, Y, \overline{Z}, \overline{\delta}, \overline{\lambda}]$ ist damit ein Automat. Es bleibt zu zeigen, daß $\underline{\overline{A}} \sim \underline{A}$ ist und daß $\underline{\overline{A}}$ reduziert ist. Es gilt:

$$\lambda(z, p) = \overline{\lambda}(\overline{z}, p) \quad \forall z \in Z, p \in X^*.$$

Das wird durch Induktion über (die Länge von) p gezeigt; der Anfangsschritt p = e ist wieder trivial, man schließt von p auf xp(x ∈ X):

$$\begin{aligned} \lambda(z, xp) &= \lambda(z, x)\ \lambda(\delta(z, x), p) \\ &= \overline{\lambda}(\overline{z}, x)\ \lambda(\delta(z, x), p) \\ &= \overline{\lambda}(\overline{z}, x)\ \overline{\lambda}(\overline{\delta(z, x)}, p) \\ &= \overline{\lambda}(\overline{z}, x)\ \overline{\lambda}(\overline{\delta}(\overline{z}, x), p) = \overline{\lambda}(\overline{z}, xp). \end{aligned}$$

Dann folgt aber

$$\underline{A} \sim \underline{\overline{A}}.$$

$\underline{\overline{A}}$ ist auch reduziert, denn aus $\overline{z} \sim \overline{z'}$ folgt

$$z \sim z', \text{ also } \overline{z} = \overline{z'}.$$

Damit ist der Satz vollständig bewiesen. ■

Satz 7: *Reduzierte und äquivalente Automaten haben die gleiche Anzahl von Zuständen.*

Beweis: Es sei

$$[X, Y, Z, \delta, \lambda] = \underline{A} \sim \underline{A}' = [X, Y, Z', \delta', \lambda'].$$

$\underline{A}$ und $\underline{A}'$ seien reduziert. Dann schließt man so:

$$\underline{A} \sim \underline{A}' \Rightarrow \bigwedge_{z \in Z} \bigvee_{z' \in Z'} (z \sim z').$$

Da $\underline{A}$ reduziert ist, gibt es zu jedem z ∈ Z höchstens ein z' ∈ Z' mit z ∼ z', denn aus z ∼ z' und z ∼ z'' folgt z' ∼ z'' und damit z' = z''. Analog geht natürlich der umgekehrte Schluß. Es folgt also

$$|Z| = |Z'|. ■$$

Beispiel 4: Gegeben sei ein Moore-Automat $\underline{A} = [X, Y, Z, \delta, \mu]$ mit X = Y = {0, 1} und $Z = \{z_1, z_2, z_3\}$.

δ	0	1
z_1	z_2	z_2
z_2	z_2	z_2
z_3	z_3	z_1

μ	⇒	λ	0	1
0			1	1
1			1	1
1			1	0

Es ist $z_1 \sim z_2$, denn:

$$\left.\begin{array}{l}\delta(z_1, x) \sim \delta(z_2, x)\\ \lambda(z_1, x) = \lambda(z_2, x)\end{array}\right\} \forall x \in X \quad \text{(vgl. auch Satz 4).}$$

Der Reduzierte $\underline{\overline{A}} = [X, Y, \overline{Z}, \overline{\delta}, \overline{\lambda}]$ von $\underline{A}$ soll nun konstruiert werden; man geht so vor:

$$\begin{array}{l}\overline{Z} = \{\overline{z}, z_3\} \quad \text{mit } \overline{z} = \{z_1, z_2\}\\ \overline{\delta}(\overline{z}, x) = \{\delta(z_1, x), \delta(z_2, x)\}, \ \overline{\lambda}(\overline{z}, x) = \lambda(z_1, x) = \lambda(z_2, x)\\ \overline{\delta}(z_3, x) = \delta(z_3, x), \ \overline{\lambda}(z_3, x) = \lambda(z_3, x).\end{array}$$

Die Tabellen von $\underline{A}$ sehen folgendermaßen aus:

$\overline{\delta}$	0	1	$\overline{\lambda}$	0	1
$\overline{z}$	$\overline{z}$	$\overline{z}$		1	1
z_3	z_3	$\overline{z}$		1	0

$\underline{A}$ ist offensichtlich kein Moore-Automat (vgl. auch das Beispiel 1 von Abschnitt 1.2).

Das letzte Beispiel zeigt, daß der Reduzierte eines Moore-Automaten i.a. selbst kein Moore-Automat ist. Daraus ergibt sich die Notwendigkeit, auch noch eine Moore-Äquivalenz und einen Moore-Reduzierten zu erklären; das wird in einem späteren Abschnitt im Zusammenhang mit Homomorphiebetrachtungen geschehen.

Der Sinn der Einführung des reduzierten Automaten war, einen gegebenen Automaten durch einen äquivalenten mit möglichst wenig Zuständen zu ersetzen – in der Hoffnung, einen solchen Automaten vielleicht einfacher (d. h. z. B. billiger) realisieren zu können. Daß das nicht notwendig der Fall sein muß, zeigt ein Beispiel in einer Arbeit von *Beyer* (1965). I.a. benötigt man zur möglichst billigen Realisierung von Automaten (etwa bei der Darstellung von Wortfunktionen) eine sogenannte Kostenfunktion; ggf. kann man dann zu „optimalen Automaten" gelangen.

2.2. Zusammenhangsbegriffe bei Automaten

In der Theorie der Markoff-Ketten führt man, um die Zustände klassifizieren zu können, den Begriff der Erreichbarkeit ein (Sprechweise: Ein Zustand ist von einem anderen mit positiver Wahrscheinlichkeit erreichbar). Das Analogon der Erreichbarkeit ist bei (determinierten) Automaten der Begriff des Zusammenhangs von Zuständen. Hier werden mehrere Zusammenhangsbegriffe knapp behandelt.

Definition 1: *Gegeben sei der Automat* $\underline{A} = [X, Y, Z, \delta, \lambda]$.

a) $\underline{A}$ *heißt vom Zustand* $z' \in Z$ *zusammenhängend genau dann, wenn es zu jedem* $z \in Z$ *ein Wort* $p \in X^*$ *mit* $z = \delta(z', p)$ *gibt.*

$\underline{A}$ *heißt zusammenhängend, wenn es ein* $z' \in Z$ *gibt, so daß* $\underline{A}$ *vom Zustand* z' *zusammenhängend ist.*

b) $\underline{A}$ *heißt stark-zusammenhängend genau dann, wenn* $\underline{A}$ *von jedem seiner Zustände zusammenhängend ist.*

Naheliegend ist etwa bei einem vom Zustand z' zusammenhängenden Automaten die Frage: Wie viele Wörter p mit der geforderten Eigenschaft gibt es?

Definition 2: *(vgl. Homuth (1971))*

a) $\underline{A}$ *heißt vom Zustand* $z' \in Z$ *strikt-zusammenhängend genau dann, wenn*

$$\bigwedge_{z \in Z} \quad \bigvee^{1}_{\substack{p \in X^* \\ l(p) \text{ minimal}}} \quad (z = \delta(z', p)^{1)}).$$

b) $\underline{A}$ *heißt strikt-stark-zusammenhängend genau dann, wenn* $\underline{A}$ *strikt-zusammenhängend ist für alle* $z' \in Z$.

Mit Hilfe dieses letzten Begriffes kann man auf der Zustandsmenge Z eines Automaten ggf. eine Halbordnung einführen.

Definition 3: *(Einführung des Begriffes „vor": $\prec$)*
$\underline{A}$ *sei zusammenhängend vom Zustand* $z \in Z$*; es sei* $z_1 = \delta(z, p_1)$ *und* $z_2 = \delta(z, p_2)$.
Dann gilt: $z_1 \prec z_2$ *genau dann, wenn ein Wort* p_2 *existiert mit*

$$p_2 = p_1 p_{12}, \text{ d. h. } z_2 = \delta(z_1, p_{12})$$

(p_2 *ist Anfangsstück von* p_2).

Es gilt dann der

Satz 1: $\prec$ *ist eine Halbordnung auf Z, falls* $\underline{A}$ *strikt-stark-zusammenhängend ist und alle auftretenden Wörter den Bedingungen der Definition 2 (strikt-zusammenhängend) genügen.*

Beweis:

1. $z_1 \prec z_1 \quad \forall z_1 \in Z$ trivial.
2. $z_1 \prec z_2 \wedge z_2 \prec z_3$, d. h.
   $p_2 = p_1 p_{12}$, $p_3 = p_2 p_{23}$
   $\Rightarrow p_3 = p_1 p_{12} p_{23} = p_1 p_{13}$, d. h.
   $z_1 \prec z_3$.
3. $z_1 \prec z_2 \wedge z_2 \prec z_1$, d. h.
   $p_2 = p_1 p_{12}$, $p_1 = p_2 p_{21}$
   $\Rightarrow p_2 = p_2 p_{21} p_{12} \Rightarrow l(p_{21} p_{12}) = 0$
   $\Rightarrow l(p_{21}) = l(p_{12}) = 0$, d. h. $p_{12} = p_{21} = e$, d. h.
   $z_1 = z_2$. ■

Beispiel 1: Ein Beispiel für einen strikt-stark-zusammenhängenden Automaten ist der Zählautomat (vgl. das Beispiel 1 von Abschnitt 1.4).

Beispiel 2: Gegeben sei der Automat

$$\underline{A} = [\{A, E, M, N\}, \{A, M, O, P, R, S\}, \{1, 2, 3, 4\}, \delta, \lambda]$$

---

1) Selbstverständlich wird es i.a. noch mehrere p's mit größerer Länge geben, z. B. bei Schleifen.

mit

δ	1	2	3	4	λ	1	2	3	4
A	3	4	2	1		O	M	O	R
E	4	3	1	2		M	S	R	A
M	2	4	2	3		A	S	P	O
N	2	3	1	3		A	R	M	P

Der Automat ist stark-zusammenhängend, denn zu jedem Zustand i und jedem Zustand j(i ≠ j) gibt es ein Wort $p \in X^*$, das den Automaten $\underline{A}$ aus dem Zustand i in den Zustand j überführt; vgl. etwa die folgende Tabelle:

j	i=1	i=2	i=3	i=4
1		AA, EE	E, N	A, ME
2	M, N, AA		A, M	E
3	A, MN	E, N		M, N
4	E, MA	A, M	A, AM	

Der Automat ist aber von keinem Zustand strikt-zusammenhängend, denn für kein $z' \in Z$ gilt:

$$\bigwedge_{z \in Z} \quad \bigvee^{1}_{\substack{p \in X^* \\ l(p)\ \text{minimal}}} \quad (z = \delta(z', p))$$

Z. B. ist $2 = \delta(1, M) = \delta(1, N)$, $3 = \delta(2, E) = \delta(2, N)$. Bei Eingabe des Wortes NAME erhält man als Ausgabe im Zustand: 1: AMOR, 2: ROSA, 3: MOPS, 4: POSA.

Satz 2: $\underline{A} = [X, Y, Z, \delta, \lambda]$ *und* $\underline{A}' = [X, Y', Z', \delta', \lambda']$ *seien stark-zusammenhängende Automaten mit gleichem Eingabealphabet und disjunkten Zustandsmengen.*

Dann gilt:

1. $\underline{A} \sim \underline{A}' \Longleftrightarrow \bigvee_{\substack{z \in Z \\ z' \in Z'}} (z \sim z')$.

2. $\underline{A} + \underline{A}'$ *reduziert* $\Longleftrightarrow \underline{A} \sim \underline{A}'$.

Beweis:

1. Die eine Richtung ist trivial, für die andere Richtung genügt es offensichtlich zu zeigen: Seien $z \in Z \wedge z' \in Z'$ mit $z \sim z'$, dann folgt $\underline{A} \subseteq \underline{A}'$.

   $\underline{A}$ sei stark-zusammenhängend, dann ist

   $$Z = \{\delta(z, p) \mid p \in X^*\}$$

   für beliebige $z \in Z$. Wegen $z \sim z'$ ist zu jedem Zustand $z_0 = \delta(z, p) \in Z$ der Zustand $z_0' = \delta'(z', p)$ ein äquivalenter Zustand von $\underline{A}'$ (nach Satz 1 von Abschnitt 2.1).

2. Diese Aussage ist trivial – vgl. die Definition 2 in Abschnitt 2.1 der direkten Summe. ∎

Bemerkung 1:

a) Ein Automat $\underline{A}$ ist offensichtlich genau dann stark-zusammenhängend, wenn $\underline{A}$ der einzige Teilautomat von $\underline{A}$ mit dem Eingabealphabet X und dem Ausgabealphabet Y ist. Das ist leicht zu sehen: Sei $\underline{A}'$ ein echter Teilautomat von $\underline{A}$ mit Eingabealphabet X und Ausgabealphabet Y, so folgt wegen der Eigenschaft „stark-zusammenhängend", daß $Z' = Z$ sein muß (alle Zustände sind ja voneinander erreichbar); also gilt: $\underline{A}' = \underline{A}$. Nimmt man umgekehrt an, daß kein echter Teilautomat mit den angegebenen Eigenschaften existiert, so müssen alle Zustände voneinander erreichbar sein, $\underline{A}$ muß also stark-zusammenhängend sein.

b) $\underline{A}$ sei vom Zustand z und $\underline{A}'$ vom Zustand z' zusammenhängend; dann gilt wegen der Äquivalenz der Nachfolgezustände:

$$z \sim z' \Rightarrow \underline{A} \sim \underline{A}'. \blacksquare$$

Der Automat $\underline{A}$ sei vom Zustand $z \in Z$ zusammenhängend; $\overline{\underline{A}}$ sei der Reduzierte von $\underline{A}$ mit

$$\overline{\underline{A}} = [X, Y, \overline{Z}, \overline{\delta}, \overline{\lambda}]$$
$$\overline{Z} = \{\overline{z} \mid \overline{z} = \{z' \mid z' \sim z \wedge z', z \in Z\}\}$$
$$\overline{\delta}(\overline{z}, x) = \overline{\delta(z', x)}; \ \overline{\lambda}(\overline{z}, x) = \lambda(z', x) \text{ mit } z' \in \overline{z}.$$

Dann gilt der

Satz 3: *Aus* $z_1 < z_2$ *folgt* $\overline{z}_1 \prec \overline{z}_2$.

Beweis: $z_1 \sim \overline{z}_1$, $z_2 \sim \overline{z}_2$ (Definition 3 und Satz 6 in Abschnitt 2.1); $\Rightarrow z_2 = \delta(z_1, p_{12}) \sim \overline{\delta}(\overline{z}_1, p_{12}) \sim \overline{z}_2$ (Satz 1 von Abschnitt 2.1); $\overline{\underline{A}}$ ist reduziert $\Rightarrow \overline{z}_2 = \overline{\delta}(\overline{z}_1, p_{12})$, d.h. $\overline{z}_1 \prec \overline{z}_2$. ■

Bemerkung 2: Insbesondere folgt mit der Bezeichnung $z_1 = z$, $z_2 = z'$ aus dem vorstehenden Satz: $\underline{A}$ sei zusammenhängend vom Zustand $z \in Z$, dann ist auch der Reduzierte $\overline{\underline{A}}$ zusammenhängend vom Zustand $\overline{z} \in \overline{Z}$ $(z' \in \overline{z})$. ■

Bemerkung 3: $\underline{A}$ sei ein Z-endlicher Automat ($|Z| = n$). $\underline{A}$ ist vom Zustand $z' \in Z$ genau dann zusammenhängend, wenn es zu jedem $z \in Z$ ein Wort $p \in X^*$ mit $z = \delta(z', p)$ und $l(p) \leq n - 1$ gibt.

Die eine Richtung ist dabei natürlich trivial, die andere sieht man so: Gilt $z = \delta(z', p)$ mit $p = x_1 x_2 \ldots x_l$, $l \geq n$, so sind $\delta(z', e), \delta(z', x_1), \delta(z', x_1 x_2), \ldots, \delta(z', x_1 x_2 \ldots x_l)$ $l + 1$ Zustände. Da $l + 1 \geq n$ gilt, müssen mindestens zwei Zustände gleich sein, und man kann demnach in p einige Buchstaben streichen. Dieses kann man so lange fortsetzen, bis man ein Wort p', $l(p') \leq n - 1$, erhält mit $z = \delta(z', p')$. ■

Diese Bemerkung gibt (für endliche Automaten) zugleich ein brauchbares Zusammenhangskriterium. Einige Hinweise zu einer auf Erreichbarkeitsbetrachtungen beruhenden Zustandsklassifikation findet man bei *Hackl* (1972); es werden dabei Begriffe verwendet, die aus der Theorie der Markoff-Ketten bekannt sind.

2.3. Homomorphie und Isomorphie bei Automaten

Dieser Abschnitt ist zentral für die gesamte Automatentheorie (im besonderen natürlich für die sogenannte algebraische Automatentheorie[1]); mit Hilfe der hier erklärten Begriffe untersucht man die „Grobstruktur" von Automaten (vgl. insbesondere den Satz 2) – das liefert eine Möglichkeit, Automaten zu vergleichen. Zunächst werden die grundlegenden Begriffe Homomorphie bzw. Isomorphie erklärt.

Definition 1: *Gegeben seien zwei Automaten* $\underline{A} = [X, Y, Z, \delta, \lambda]$ *und* $\underline{A}' = [X', Y', Z', \delta', \lambda']$. *Ein Tripel* $\chi = (f, g, h)$ *von Abbildungen heißt Homomorphismus von* $\underline{A}$ *auf* $\underline{A}'$, *wenn gilt*

a) $f: X \to X', g: Y \to Y', h: Z \to Z'$ *sind surjektive Abbildungen,*
b) $h(\delta(z, x)) = \delta'(h(z), f(x))$; $g(\lambda(z, x)) = \lambda'(h(z), f(x))$ *(Verträglichkeitsbedingungen).*

Sind die Abbildungen f, g, h *bijektiv, so heißt* χ *ein Isomorphismus von* $\underline{A}$ *auf* $\underline{A}'$.

Bemerkung 1: Ist $X = X'$, $Y = Y'$ und sind f bzw. g die identischen Abbildungen ϵ_X bzw. ϵ_Y von X bzw. Y auf sich, so heißt $\chi = (\epsilon_X, \epsilon_Y, h)$ Z-Hormomorphismus von $\underline{A}$ auf $\underline{A}'$. Entsprechend erklärt man X, Z-Homomorphismen usw. ■

Bemerkung 2: $\underline{A}$ und $\underline{A}'$ seien initiale Automaten und χ sei ein Homomorphismus von $\underline{A}$ auf $\underline{A}'$. χ heißt initialer Homomorphismus von $\underline{A}$ auf $\underline{A}'$, falls er den Anfangszustand von $\underline{A}$ in den Anfangszustand von $\underline{A}'$ überführt; andernfalls spricht man von einem nicht-initialen Homomorphismus. ■

Definition 2: *Sei* χ *ein Homomorphismus von* $\underline{A}$ *auf* $\underline{A}'$. *Der Definitionsbereich von* f *und* g *wird induktiv so erweitert (vgl. auch die Definition 2 von Abschnitt 1.2):*

$$f(e) = e;\ g(e) = e$$
$$f(xp) = f(x)f(p);\ g(yp) = g(y)g(q) \quad \forall x \in X, p \in X^*, y \in Y, q \in Y^*.$$

f und g sind also multiplikative Funktionen – das Funktionssymbol wird wie im Abschnitt 1.2 wieder beibehalten. Im Sinne der Codierungstheorie (vgl. *Henze/Homuth* (1974)) handelt es sich bei f und g um Codes.

In Analogie zu Satz 1 von Abschnitt 1.2 gilt dann der

Satz 1: χ *sei ein Homomorphismus von* $\underline{A}$ *auf* $\underline{A}'$. *Für alle* $z \in Z$, $p \in X^*$ *ist dann:*

1. $h(\delta(z, p)) = \delta'(h(z), f(p))$.
2. $g(\lambda(z, p)) = \lambda'(h(z), f(p))$.

Beweis: Induktion über p – der Anfangsschritt p = e ist trivial, man schließt von p auf xp:

1. $h(\delta(z, xp)) = h(\delta(\delta(z, x), p)) = \delta'(h(\delta(z, x)), f(p))$
$= \delta'(\delta'(h(z), f(x)), f(p)) = \delta'(h(z), f(x)f(p))$
$= \delta'(h(z), f(xp))$.

---

[1] Vgl. *Deussen* (1971), *Ehrig/Pfender* (1972).

2. $g(\lambda(z, xp)) = g(\lambda(z, x)\, \lambda(\delta(z, x), p)) = g(\lambda(z, x))\, g(\lambda(\delta(z, x), p))$
$= \lambda'(h(z), f(x))\, \lambda'(h(\delta(z, x)), f(p))$
$= \lambda'(h(z), f(x))\, \lambda'(\delta'(h(z), f(x)), f(p))$
$= \lambda'(h(z), f(xp))$. ■

Bemerkung 3: $\chi = (\epsilon_X, \epsilon_Y, h)$ sei ein Z-Homomorphismus von $\underline{A}$ auf $\underline{A}'$; dann gilt offensichtlich:

a) $z \sim h(z)$ (nach Satz 1),
b) $\underline{A} \sim \underline{A}'$. ■

Von besonderer Wichtigkeit – gerade auch im Zusammenhang mit dem Abschnitt 2.1 – ist der

Satz 2: *Gegeben sei der Automat* $\underline{A} = [X, Y, Z, \delta, \lambda]$. $\mathrm{Aeq}(\underline{A})$ *sei die Klasse (oder Menge) aller zu* $\underline{A}$ *äquivalenten Automaten (vgl. auch die Bemerkung 1 von Abschnitt 2.1). In* $\mathrm{Aeq}(\underline{A})$ *gibt es einen und bis auf Z-Isomorphie auch nur einen Automaten, auf den jeder Automat aus* $\mathrm{Aeq}(\underline{A})$ *Z-homomorph abgebildet werden kann. Dieser Automat ist reduziert und seine Zustandsmenge besitzt die kleinste Mächtigkeit, die bei Automaten aus* $\mathrm{Aeq}(\underline{A})$ *vorkommt.*

Beweis: $\overline{\underline{A}} = [X, Y, \overline{Z}, \overline{\delta}, \overline{\lambda}]$ sei der beim Beweis von Satz 6 von Abschnitt 2.1 angegebene Reduzierte von $\underline{A}$. Es sei

$$\underline{A}' = [X, Y, Z', \delta', \lambda'] \in \mathrm{Aeq}(\underline{A});$$

daher gilt

$$\underline{A}' \sim \underline{A} \sim \overline{\underline{A}}.$$

Dann ist $\overline{\underline{A}}$ auch Reduzierter von $\underline{A}'$ d. h.

$$\bigwedge_{z' \in Z'} \bigvee^1_{\overline{z} \in \overline{Z}} (\overline{z} \sim z').$$

Das bedeutet aber, daß eine (eindeutige) Abbildung $h: Z' \to \overline{Z}$ mit $\overline{z} = h(z')$ existiert. Man zeigt nun: $\chi = (\epsilon_X, \epsilon_Y, h)$ ist ein Z-Homomorphismus von $\underline{A}'$ auf $\overline{\underline{A}}$. Es ist $z' \sim h(z')$; nach Satz 1 von Abschnitt 2.1 gilt dann auch

$$\delta'(z', x) \sim \overline{\delta}(h(z'), x) \quad \forall x \in X.$$

Nun gibt es genau ein $\overline{z} \in \overline{Z}$, das zu $\delta'(z', x)$ äquivalent ist, also hat man

$$\overline{z} = h(\delta'(z', x)) = \overline{\delta}(h(z'), x) \quad \forall z' \in Z', x \in X.$$

Aus $z' \sim h(z')$ folgt noch

$$\lambda'(z', x) = \overline{\lambda}(h(z'), x) \quad \forall x \in X$$

und das heißt, daß χ ein Z-Homomorphismus ist. Man kann also jeden Automaten aus $\mathrm{Aeq}(\underline{A})$ auf den reduzierten Automaten $\overline{\underline{A}}$ Z-homomorph abbilden. Sei nun $\overline{\overline{\underline{A}}} = [X, Y, \overline{\overline{Z}}, \overline{\overline{\delta}}, \overline{\overline{\lambda}}]$ ein weiterer Automat aus $\mathrm{Aeq}(\underline{A})$, auf den jeder Automat aus $\mathrm{Aeq}(\underline{A})$

Z-homomorph abgebildet werden kann. Also existiert speziell ein Z-Homomorphismus $\bar{\chi} = (\epsilon_X, \epsilon_Y, \bar{h})$ von $\bar{\underline{A}}$ auf $\bar{\bar{\underline{A}}}$. Dann gilt aber: Da $\bar{\underline{A}}$ reduziert ist, folgt, daß $\bar{h}$ bijektiv ist, denn für $\bar{z}_1, \bar{z}_2 \in \bar{Z}$ mit $\bar{h}(\bar{z}_1) = \bar{h}(\bar{z}_2)$ gilt

$$\bar{z}_1 \sim \bar{h}(\bar{z}_1) = \bar{h}(\bar{z}_2) \sim \bar{z}_2 \Rightarrow \bar{z}_1 \sim \bar{z}_2 \Rightarrow \bar{z}_1 = \bar{z}_2 .$$

Also ist $\bar{\chi}$ ein Z-Isomorphismus. $\bar{Z}$ besitzt die kleinste Mächtigkeit aller Automaten aus Aeq($\underline{A}$), denn die Zustandsmenge Z jedes Automaten aus Aeq($\underline{A}$) kann eindeutig auf $\bar{Z}$ abgebildet werden. ∎

Bemerkung 4: Für endliche Automaten kann man den vorstehenden Satz auch so formulieren: Jeder Automat $\underline{A}$ besitzt bis auf Z-Isomorphie genau einen Reduzierten. Die Anzahl seiner Zustände ist das Minimum der Zustandszahlen aller zu $\underline{A}$ äquivalenten Automaten (vgl. auch *Reusch* (1969)). ∎

Beispiel 1: Gegeben seien die beiden Automaten $\underline{A} = [\{0, 1\}, \{0, 1\}, \{a, b, c, d, e\}, \delta, \lambda]$ mit

δ	a	b	c	d	e	λ	a	b	c	d	e
0	d	c	d	c	a		1	1	1	1	1
1	b	a	b	e	d		1	0	1	0	0

und $\underline{B} = [\{0, 1\}, \{0, 1\}, \{m, n, o, p, q, r\}, \delta', \lambda']$ mit

δ'	m	n	o	p	q	r	λ'	m	n	o	p	q	r
0	r	p	p	r	p	p		1	1	1	1	1	1
1	q	m	o	q	m	o		1	0	0	1	0	0

Der Reduzierte $\bar{\underline{A}}$ von $\underline{A}$ ist $\bar{\underline{A}} = [\{0, 1\}, \{0, 1\},\}, \{\bar{a}, \bar{b}, \bar{c}\}, \delta', \lambda']$ mit $\bar{a} = \{a, c\}$, $\bar{b} = \{b\}$, $\bar{c} = \{d, e\}$ und

$\bar{\delta}$	$\bar{a}$	$\bar{b}$	$\bar{c}$	$\bar{\lambda}$	$\bar{a}$	$\bar{b}$	$\bar{c}$
0	$\bar{c}$	$\bar{a}$	$\bar{a}$		1	1	1
1	$\bar{b}$	$\bar{a}$	$\bar{c}$		1	0	0

(Die Prüfung auf Äquivalenz von Zuständen des Automaten $\underline{A}$ — natürlich auch des Automaten $\underline{B}$ – geschieht nach dem Satz 5 von Abschnitt 2.1). Man sieht in entsprechender Weise, daß auch der Reduzierte von $\underline{B}$ diese Gestalt hat (bis auf die Bezeichnung); also gilt $\underline{B} \in$ Aeq($\underline{A}$). Es gibt aber keinen Z-Homomorphismus $\chi = (\epsilon_X, \epsilon_Y, h)$ des Automaten $\underline{B}$ auf den Automaten $\underline{A}$: Für einen Z-Homomorphismus müßte ja gelten (h: $\{m, \ldots, r\} \to \{a, \ldots, e\}$):

$$\delta(h(o), 1) = h(\delta'(o, 1)) = h(o)$$

Im Automaten $\underline{A}$ tritt aber der Fall $\delta(z, 1) = z$ für kein $z \in \{a, \ldots, e\}$ ein, also kann auch kein entsprechender Z-Homomorphismus existieren.

Das Beispiel 4 in Abschnitt 2.1 zeigte, daß der Reduzierte eines Moore-Automaten i.a. selbst kein Moore-Automat ist und das heißt natürlich auch, das homomorphe Bild eines Moore-Automaten ist i.a. kein Moore-Automat. Es gilt aber der

Satz 3: *Sei* $\chi = (f, g, \epsilon_Z)$ *ein* X, Y-*Homomorphismus von* $\underline{A} = [X, Y, Z, \delta, \lambda]$ *auf* $\underline{A}' = [X', Y', Z, \delta', \lambda')]$. *Dann gilt:*

1. $\underline{A}$ *Moore-Automat* $\Rightarrow \underline{A}'$ Moore-Automat
2. $Y = Y'$ *und* $g = \epsilon_Y$ $\Rightarrow$ ($\underline{A}$ *Moore-Automat* $\Longleftrightarrow \underline{A}'$ *Moore-Automat).*

Beweis:

1. $\underline{A} = [X, Y, Z, \delta, \mu]$ sei ein Moore-Automat; für $z \in Z$ sei

$$\mu'(z) = g(\mu(z)) \qquad \text{(damit ist } \mu' : Z \to Y' \text{ definiert).}$$

Zu zeigen ist nun:

$$\lambda'(z, x') = \mu'(\delta'(z, x')) \quad (\text{mit } x' = f(x)).$$

Es ist:

$$\left.\begin{array}{l} \lambda'(z, x') = g(\lambda(z, x)) = g(\mu(\delta(z, x))) = \mu'(\delta(z, x)) \\ \delta(z, x) = \epsilon_Z(\delta(z, x)) = \delta'(\epsilon_Z(z), f(x)) = \delta'(z, x') \end{array}\right\} \forall z \in Z, x' \in X', x \in X,$$

also

$$\lambda'(z, x') = \mu'(\delta'(z, x')) \ \forall z \in Z, x' \in X',$$

d. h. $\underline{A}' = [X', Y', Z, \delta', \mu']$ ist ein Moore-Automat.

2. Sei $\underline{A}' = [X', Y, Z, \delta', \mu']$ ein Moore-Automat und $g = \epsilon_Y$. Dann gilt:

$$\begin{aligned} \lambda(z, x) &= \lambda'(z, f(x)) = \mu'(\delta'(z, f(x))) \\ &= \mu'(\delta(z, x)) = \mu(\delta(z, x)) \ \forall z \in Z, x \in X, \end{aligned}$$

d. h. auch $\underline{A}$ ist ein Moore-Automat (die andere Richtung wurde ja schon in 1. gezeigt). ■

Bemerkung 5: Bei Isomorphismen geht ein Moore-Automat jedoch stets in einen Moore-Automaten über. Man zeigt:

$$\mu' : Z' \to Y' \text{ mit } \mu'(z') = g(\mu(h^{-1}(z'))), \ z' \in Z'$$

leistet das Verlangte. Das geht so:

$\underline{A} = [X, Y, Z, \delta, \lambda]$ sei ein Moore-Automat, d. h. $\lambda(z, x) = \mu(\delta(z, x))$. $\chi = (f, g, h)$ sei ein Isomorphismus von $\underline{A}$ auf $\underline{A}'$. Dann gilt:

$$\begin{aligned} \lambda'(z', x') &= \lambda'(h(z), f(x)) = g(\lambda(z, x)) = g(\mu(\delta(z, x))) \\ &= g(\mu(h^{-1}(\delta'(z', x')))) \\ \mu'(z') &= g(\mu(h^{-1}(z'))), \end{aligned}$$

d. h. auch $\underline{A}' = [X', Y', Z', \delta', \lambda']$ ist ein Moore-Automat. ■

Für die Übertragung der Zusammenhangseigenschaft gilt der

Satz 4: $\chi = (f, g, h)$ *sei ein Homomorphismus von* $\underline{A} = [X, Y, Z, \delta, \lambda]$ *auf* $\underline{A}' = [X', Y', Z', \delta', \lambda']$; *dann gilt:*

1. $\underline{A}$ *sei vom Zustand* z *zusammenhängend, dann ist* $\underline{A}'$ *vom Zustand* $z' \dot{=} h(z)$ *zusammenhängend.*
2. $\underline{A}$ *sei stark-zusammenhängend, dann ist auch* $\underline{A}'$ *stark-zusammenhängend.*

Beweis:

1. Seien $z, z_1 \in Z$ mit $z_1 = \delta(z, p)$, $p \in X^* \Rightarrow h(z_1) = \delta'(h(z), f(p))$, d.h. $\underline{A}'$ ist vom Zustand h(z) zusammenhängend.
2. Unter Verwendung von 1. trivial. ∎

Bei einem Isomorphismus gilt natürlich auch die Umkehrung. Der Satz gilt i.a. nicht für den eingeführten Begriff „strikt-zusammenhängend".

Für den im Abschnitt 2.2 eingeführten Begriff $\prec$ („vor") gilt noch der

Satz 5: $\chi = (f, g, h)$ *sei ein Homomorphismus von* $\underline{A} = [X, Y, Z, \delta, \lambda]$ *auf* $\underline{A}' = [X', Y', Z', \delta', \lambda']$. *Aus* $z_1 \prec z_2$ *folgt* $z_1' \prec z_2'$.

Beweis: Sei $z_2 = \delta(z_1, p_{12})$, dann folgt

$$z_2' = h(\delta(z_1, p_{12})) = \delta'(h(z_1), f(p_{12})) = \delta'(z_1', p_{12}')$$

also $z_1' \prec z_2'$. ∎

Bei einem Isomorphismus gilt natürlich auch hier die Umkehrung.

Das homomorphe Bild eines Moore-Automaten ist selbst i.a. kein Moore-Automat (Satz 3 zeigte das ja nur für einen speziellen Homomorphismus) und es ist auch nicht jeder einem Moore-Automaten äquivalente Automat ein Moore-Automat (etwa: der Reduzierte eines Automaten – Beispiel 4 in Abschnitt 2.1). Das gibt noch Anlaß zur folgenden

Definition 3: *(vgl. auch Gluschkow (1963)). Sei* $\chi = (f, g, h)$ *ein Homomorphismus eines Moore-Automaten* $\underline{A} = [X, Y, Z, \delta, \mu]$ *auf den Moore-Automaten* $\underline{A}' = [X', Y', Z', \delta', \mu']$. χ *heißt Moore-Homomorphismus genau dann, wenn*

$$g(\mu(z)) = \mu'(h(z)) \quad \forall z \in Z$$

gilt.

Speziell ist also ein Moore-Z-Homomorphismus eine Abbildung $h : Z \to Z'$ mit

$$\left.\begin{array}{l} h(\delta(z, x)) = \delta'(h(z), x) \\ \mu(z) = \mu'(h(z)) \end{array}\right\} \forall z \in Z, x \in X.$$

Der Begriff Moore-Homomorphismus ist also eine starke Einschränkung des oben behandelten Homomorphiebegriffes.

Beispiel 2: Gegeben seien die beiden Moore-Automaten $\underline{A} = [\{a, b, c\}, \{0, 1, 2\}, \{1, 2, 3, 4, 5, 6\}, \delta, \mu]$ mit

δ	a	b	c	μ
1	5	6	4	2
2	6	5	4	0
3	4	4	2	1
4	3	3	6	2
5	2	1	3	2
6	1	2	3	0

und $\underline{A}' = [\{0, 1\}, \{x, y\}, \{p, r, q, s\}, \delta', \mu']$ mit

δ'	0	1	μ'
p	s	r	x
q	r	p	y
r	q	s	x
s	p	q	x

Das Abbildungstripel $\chi = (f, g, h)$ mit

$$f: \frac{a\ b\ c}{0\ 0\ 1} \qquad g: \frac{0\ 1\ 2}{x\ y\ x} \qquad h: \frac{1\ 2\ 3\ 4\ 5\ 6}{p\ p\ q\ r\ s\ s}$$

ist ein Moore-Homomorphismus von $\underline{A}$ auf $\underline{A}'$, denn man braucht nur

$$h(\delta(z, u)) = \delta'(h(z), f(u)) \quad \text{und}$$
$$g(\mu(z)) = \mu'(h(z))$$

für alle $z \in \{1, 2, 3, 4, 5, 6\}$ und für alle $u \in \{a, b, c\}$ nachzuprüfen.

Abschließend soll noch der Begriff der Moore-Äquivalenz erwähnt werden:

Bemerkung 6: $\underline{A}$ und $\underline{A}'$ seien zwei Moore-Automaten; es sei $z \in Z$ und $z' \in Z'$. z heißt Moore-äquivalent zu z' genau dann, wenn

$$z \sim z' \wedge \mu(z) = \mu'(z')$$

gilt. Entsprechend erklärt man die Moore-Äquivalenz von zwei Moore-Automaten und den Moore-Reduzierten eines Moore-Automaten. ■

Für Moore-Homomorphismen und Moore-Äquivalenzen gelten den hier behandelten Aussagen entsprechende Sätze – vgl. dazu *Gluschkow* (1963).

3. Wortfunktionen

In diesem Kapitel wird an die Schlußbetrachtungen des Abschnitts 1.2 angeknüpft; dort wurde die Abbildungsfamilie eines Automaten eingeführt. Jede Abbildung dieser Familie ist eine Abbildung der Eingabe- in die Ausgabehalbgruppe. Hier wird insbesondere die Frage behandelt, wann es zu einer Abbildung

$$\varphi : X^* \to Y^*$$

einen Automaten gibt, in dem φ „dargestellt" wird (also die Frage der Darstellbarkeit von Abbildungen in Automaten); es werden – wie man sagt – sogenannte Eingabe-/Ausgabe-Relationen behandelt.

3.1. Grundlegende Begriffe

In diesem Abschnitt werden einige z. T. schon bekannte Dinge noch einmal aufgegriffen. Gegeben seien zwei Alphabete X und Y und damit auch die entsprechenden Wortmengen X^* bzw. Y^* (also die Halbgruppen über den Alphabeten X bzw. Y).

Definition 1: *Eine Abbildung*

$$\varphi : X^* \to Y^*$$

heißt Wortfunktion über $\langle X, Y \rangle$.

Bemerkung 1: φ heißt multiplikativ genau dann, wenn für alle $x, x' \in X^*$

$$\varphi(xx') = \varphi(x)\,\varphi(x')$$

gilt. $f = \{f^{(i)}; i = 1, 2, \ldots\}$ sei eine höchstens abzählbare Folge von Abbildungen $f^{(i)} : X \to Y$; f heißt quasimultiplikativ genau dann, wenn

$$f(x_1 x_2 \ldots x_n) = f^{(1)}(x_1)\, f^{(2)}(x_2) \ldots f^{(n)}(x_n) \quad \forall x_1 x_2 \ldots x_n \in X^*$$

gilt (f wird hier also zugleich als Symbol für die durch die obige Gleichung bestimmte Abbildung benutzt). ■

Beispiel 1: Die bei einem Homomorphismus verwendeten Abbildungen f, g, h sind multiplikative Wortfunktionen über $\langle X, X' \rangle$, $\langle Y, Y' \rangle$ bzw. $\langle Z, Z' \rangle$.

Beispiel 2: Ein Code ist eine multiplikative Wortfunktion (vgl. *Henze/Homuth* (1974)). $f : A \to A$ sei eine eineindeutige Abbildung eines Alphabets auf sich; wenn die Erweiterung auf Wörter multiplikativ ist, also

$$f(xy) = f(x)\, f(y) \quad \forall x, y \in A^*$$

geschrieben werden kann (f zugleich also als Abbildung $f : A^* \to A^*$ gedeutet werden kann), ist f im Sinne der Kryptologie ein Tauschverfahren (ein spezieller Schlüssel).

$f = \{f^{(i)}; i = 1, 2, \ldots\}$ sei eine höchstens abzählbare Folge von bijektiven Abbildungen $f^{(i)}: A \to A$. Ist f dann quasimultiplikativ, so nennt man f Spaltenverfahren (das ist ein anderer spezieller Schlüssel).

Definition 2: $\underline{A} = [X, Y, Z, \delta, \lambda]$ *sei ein (Mealy-)Automat, es sei* $z \in Z$. *Die für die Wörter* $p \in X^*$ *durch*

$$\varphi(p) = \lambda(z, p)$$

definierte Wortfunktion $\varphi: X^* \to Y^*$ *heißt die durch den Zustand* z *des Automaten* $\underline{A}$ *erzeugte Wortfunktion über* $\langle X, Y \rangle$ *– vgl. dazu auch den Abschnitt 1.2 (Abbildungsfamilie) –.*

Definition 3: *Eine Wortfunktion* φ *über* $\langle X', Y' \rangle$ *heißt erzeugbar, wenn es einen Automaten* $\underline{A} = [X, Y, Z, \delta, \lambda]$ *und ein* $z \in Z$ *gibt, so daß* $X' \subset X$, $Y' \subset Y$ *ist und* $\lambda(z, p) = \varphi(p)\ \forall p \in X'^*$ *gilt.* z *heißt von* φ *erzeugter Zustand.*

Die Definition 3 ist in gewissem Sinne eine Umkehrung der Definition 2. Für alle Elemente der mit einem Automaten verknüpften Abbildungsfamilie[1]) (eine Menge von speziellen Wortfunktionen)

$$F = \{\varphi \mid \varphi: X^* \to Y^* \wedge \varphi(p) = \lambda(z, p),\ p \in X^* \wedge z \in Z\}$$

(es ist offenbar $|F| \leqslant |Z|$) gilt der

Satz 1: *Gegeben sei der Automat* $\underline{A} = [X, Y, Z, \delta, \lambda]$. φ *sei die von einem beliebigen Zustand* $z \in Z$ *erzeugte Wortfunktion über* $\langle X, Y \rangle$. *Dann ist:*

$$(*) \qquad \bigwedge_{p \in X^*} \left(l(\varphi(p)) = l(p)\right)$$

$$(**) \qquad \bigwedge_{p,r \in X^*} \ \bigvee_{s \in Y^*} \left(\varphi(pr) = \varphi(p)s\right)$$

Beweis: (*) ist trivial – denn das liegt an der definierten Arbeitsweise des Automaten. Beim Beweis von (**) sieht man sofort, daß

$$s = \lambda(\delta(z, p), r) \in Y^*$$

das Verlangte leistet. ∎

Die Bedingung (*) bedeutet die Längentreue der betrachteten speziellen Wortfunktionen; (**) bedeutet, daß das Bild eines Produkts mit dem Bild des ersten Faktors beginnt.

Definition 4: *Die im vorstehenden Satz bewiesenen Beziehungen (*) und (**) heißen Automatenbedingungen. Eine Wortfunktion* $\varphi: X^* \to Y^*$ *heißt allgemein Automatenabbildung, wenn sie den Automatenbedingungen genügt.*

Bemerkung 2: Die den Automatenbedingungen (*) und (**) genügenden Wortfunktionen heißen auch sequentiell oder sequentielle Funktionen (ggf. auch sequentielle Operatoren).

---

1) Auf eine Indizierung der φ nach $z \in Z$ wird üblicherweise verzichtet.

Es ist offensichtlich, daß man ggf. durch Übergang zu anderen Alphabeten (was evt. nur eine andere Interpretation der Elemente bedeutet) eine Wortfunktion in eine sequentielle Funktion überführen kann – solche Funktionen sind dann sequentielle Funktionen im weiteren Sinne. ■

Satz 1 zeigt, daß die Automatenbedingungen für die Erzeugbarkeit von Wortfunktionen in Automaten notwendig sind. Im folgenden Abschnitt wird gezeigt, daß die Automatenbedingungen für die Erzeugbarkeit auch hinreichend sind. – Zunächst wird der Fall des Mealy-Automaten behandelt und dann der Spezialfall des Moore-Automaten.

3.2. Darstellbarkeit von Abbildungen in Automaten

In diesem Abschnitt soll nun bewiesen werden, daß alle sequentiellen Funktionen erzeugbar sind, d. h. für jede solche Funktion existiert nach Definition 3 in Abschnitt 3.1 ein entsprechender Automat (genauer: Mealy-Automat), in dem die „sequentielle Funktion dargestellt wird". Das hier verwendete Konzept ist das des Zustands einer Wortfunktion (Zustand einer Abbildung). Dem Problem der Darstellung nicht-sequentieller Funktionen ist der nächste Abschnitt gewidmet.

Definition 1: *φ sei eine Wortfunktion über $\langle X, Y \rangle$, die der Bedingung*[1] (**) *genügt. Die Funktion $\varphi_p : X^* \to Y^*$, die bei einem $p \in X^*$ jedem $r \in X^*$ das Wort $s \in Y^*$ mit $\varphi(pr) = \varphi(p)\, s$ zuordnet, heißt der zum Wort p gehörende Zustand von φ. Man benutzt also die Bezeichnung $s = \varphi_p(r)$.*

Satz 1: *φ sei eine sequentielle Funktion über $\langle X, Y \rangle$. Dann sind auch alle Zustände $\varphi_p : X^* \to Y^*$ $(p \in X^*)$ sequentiell.*

Beweis: φ genügt der Bedingung (**); daraus folgt

$$\begin{aligned} l(\varphi_p(r)) &= l(\varphi(pr)) - l(\varphi(p)) = l(pr) - l(p) \\ &= l(p) + l(r) - l(p) = l(r), \end{aligned}$$

d. h. φ_p ist eine längentreue Abbildung. Seien $p, r, u \in X^*$, dann gilt (nach (**))

$$\begin{aligned} \varphi(pru) &= \varphi(p)\, \varphi_p(ru) \\ &= \varphi(pr)\, \varphi_{pr}(u) = \varphi(p)\, \varphi_p(r)\, \varphi_{pr}(u), \end{aligned}$$

damit folgt (wegen der Definition der Gleichheit von Wörtern):

$$\varphi_p(ru) = \varphi_p(r)\, \varphi_{pr}(u),$$

d. h. φ_p genügt auch (**) und das bedeutet, daß mit der Festsetzung $(\varphi_p)_r = \varphi_{pr}$ die Abbildung $\varphi_p : X^* \to Y^*$ für alle $p \in X^*$ selbst eine Automatenabbildung ist. ■

Bemerkung 1: Die Zustände einer Automatenabbildung sind also selbst Automatenabbildungen. Jeder Zustand besitzt somit selbst wieder Zustände. Da nach Satz 1 $(\varphi_p)_r = \varphi_{pr}$ gilt, kann man das auch so ausdrücken: Jeder Zustand eines Zustands von φ ist Zustand von φ. ■

---

[1]) Die Automatenbedingungen der Definition 4 von Abschnitt 3.1 werden im Folgenden stets als Bedingungen (*) bzw. (**) zitiert.

Mit diesen Hilfsmitteln zeigt man nun den folgenden Existenzsatz.

Satz 2: *Jede Automatenabbildung* $\varphi : X^* \to Y^*$ *kann in einem Automaten* $\underline{A}^\varphi$ *erzeugt werden. Die Zustandsmenge von* $\underline{A}^\varphi$ *besitzt nicht mehr Zustände als* φ *selbst.*

Beweis: Man setzt

$$Z^\varphi = \{\varphi_p \mid p \in X^*\}; \text{ dabei ist } \varphi_e = \varphi$$

und erklärt noch zwei Funktionen

$$\begin{aligned} \delta^\varphi &: Z^\varphi \times X \to Z^\varphi \quad \text{mit} \quad \delta^\varphi(\varphi_p, x) = \varphi_{px}, \\ \lambda^\varphi &: Z^\varphi \times X \to Y \quad \text{mit} \quad \lambda^\varphi(\varphi_p, x) = \varphi_p(x). \end{aligned}$$

Damit hat man einen (Mealy-)Automaten $\underline{A}^\varphi = [X, Y, Z^\varphi, \delta^\varphi, \lambda^\varphi]$ erklärt. Es gilt dann: φ wird in dem Automaten $\underline{A}^\varphi$ (durch den Zustand $\varphi = \varphi_e$) erzeugt (oder dargestellt). Es ist also (sogar etwas allgemeiner) noch zu zeigen:

$$\delta^\varphi(\varphi_p, r) = \varphi_{pr}, \quad \lambda^\varphi(\varphi_p, r) = \varphi_p(r) \quad \forall p, r \in X^*$$

Das wird durch Induktion bewiesen: Der Anfangsschritt r = e ist trivial, denn e ist das einzige Wort von X* und von Y*, das die Länge Null hat; man schließt dann von r auf rx:

$$\begin{aligned} \delta^\varphi(\varphi_p, rx) &= \delta^\varphi(\delta^\varphi(\varphi_p, r), x) = \delta^\varphi(\varphi_{pr}, x) = \varphi_{prx} \\ \lambda^\varphi(\varphi_p, rx) &= \lambda^\varphi(\varphi_p, r)\, \lambda^\varphi(\delta^\varphi(\varphi_p, r), x) = \varphi_p(r)\, \lambda^\varphi(\varphi_{pr}, x) \\ &= \varphi_p(r)\, \varphi_{pr}(x) = \varphi_p(rx). \end{aligned}$$

Damit ist der Satz vollständig bewiesen. ■

Der vorstehende Satz gibt zugleich ein konstruktives Verfahren für den Automaten $\underline{A}^\varphi$, in dem φ dargestellt wird (vgl. spätere Beispiele). Außer der Abbildung φ werden in $\underline{A}^\varphi$ aber offensichtlich auch sämtliche Zustände (Abbildungen) φ_p von φ $(p \in X^*)$ dargestellt. Das gilt sogar für jeden Automaten, in dem φ erzeugt werden kann (also nicht nur für den speziellen Automaten $\underline{A}^\varphi$). Es gilt nämlich der

Satz 3: $\varphi : X^* \to Y^*$ *sei in* $\underline{A} = [X, Y, Z, \delta, \lambda]$ *durch* $z \in Z$ *erzeugt (in* $\underline{A}$ *durch* $z \in Z$ *dargestellt). Der Zustand* $\delta(z, p)$ *erzeugt dann den Zustand* φ_p *von* φ $(p \in X^*)$.

Beweis: Für alle $p, r \in X^*$ ist

$$\begin{aligned} \varphi(p)\, \varphi_p(r) &= \varphi(pr) = \lambda(z, pr) = \lambda(z, p)\, \lambda(\delta(z, p), r) \\ &= \varphi(p)\, \lambda(\delta(z, p), r). \end{aligned}$$

Daraus folgt

$$\varphi_p(r) = \lambda(\delta(z, p), r). \quad ■$$

Bemerkung 2: Aus dem letzten Satz folgt, daß φ in keinem Automaten erzeugt werden kann, dessen Zustandsmenge eine geringere Mächtigkeit als die Zustandsmenge Z^φ hat. Daraus folgt insbesondere noch: Eine sequentielle Funktion kann genau dann in einem

Z-endlichen Automaten erzeugt werden, wenn die sequentielle Funktion φ nur endlich viele Zustände besitzt:

$$|Z^{\varphi}| = |\{\varphi_p | p \in X^*\}| < \infty .$$

Falls X und Y Alphabete sind und φ nur endlich viele Zustände hat, kann die Automatenabbildung φ in einem endlichen Automaten erzeugt bzw. dargestellt werden – der Satz 2 gibt dabei auch das Konstruktionsverfahren für $\underline{A}^{\varphi}$. ■

Nun sollen einige Beispiele betrachtet werden – die ersten stammen aus dem Gebiet der Kryptologie (vgl. *Henze/Homuth* (1974)). Im Beispiel 1 des Abschnitts 3.1 wurden schon das Tausch- und das Spaltenverfahren erklärt – es handelt sich dabei um spezielle, sogenannte context-freie Schlüssel; der Sinn einer Verschlüsselung ist offensichtlich und darauf soll hier auch nicht näher eingegangen werden. Für die erwähnten Schlüsseltypen werden in den Beispielen 1 und 2 automatentheoretische Modelle angegeben.

Beispiel 1: Tauschverfahren

$f: A \to A$ sei eine multiplikative, bijektive Abbildung; f ist dann auch eine Automatenabbildung. Das automatentheoretische Modell sieht damit so aus:

$$\underline{A}^f = [X, Y, Z^f, \delta^f, \lambda^f] \quad \text{mit } X = Y = A$$
$$Z^f = \{f\}, |Z^f| = 1$$
$$\delta^f(f, a) = f,\ \lambda^f(f, a) = f(a)\ \ \forall a \in A.$$

Beispiel 2: Spaltenverfahren

$f = \{f^{(i)}; i = 1, 2, 3, \ldots\}$ sei eine quasimultiplikative Abbildung, $f^{(i)}: A \to A$ seien dabei bijektive Abbildungen. f heißt periodisch genau dann, wenn $f^{(i)} = f^{(i+\pi)}$ und π die kleinste Zahl ist, für die das gilt.

Die darzustellende Abbildung $\varphi: A^* \to A^*$ wird mit $f^{(1)}$ identifiziert; $f^{(1)}$ muß dann noch auf Wörter erweitert werden: Mit den Zuständen $\varphi_p = f^{(1+l(p))}$ $(p \in A^*)$ wird φ eine Automatenabbildung, d. h. sie genügt (*) und (**). Es existiert also der sogenannte „Schlüsselautomat"

$$\underline{A}^{f^{(1)}} = [X, Y, Z^{f^{(1)}}, \delta^{f^{(1)}}, \lambda^{f^{(1)}}] \quad \text{mit}$$
$$X = Y = A,\ Z^{f^{(1)}} = \{f^{(1)}, f^{(2)}, \ldots\}$$
$$\delta^{f^{(1)}}(f^{(k)}, a) = f^{(k+1)},\ \lambda^{f^{(1)}}(f^{(k)}, a) = f^{(k)}(a)\ \ \forall a \in A.$$

Zwei Zustände von $\underline{A}^{f^{(1)}}$ sind genau dann gleich, wenn auch die jeweils nachfolgenden Zustände einander gleich sind.

Insbesondere gilt für ein periodisches Spaltenverfahren

$$|Z^{f^{(1)}}| = \pi.$$

Der Automat $\underline{A}^{f^{(1)}}$ ist reduziert, es gilt also

$$\underline{A}^{f^{(1)}} = \overline{\underline{A}}^{f^{(1)}}.$$

Beispiel 3: Gegeben seien das Alphabet X = {0, 1, 2, 3, 4} und die Wortfunktion f, die Wörter $p \in X^*$ mit $l(p) = 2k$, k = 1, 2, ..., auf Wörter $\overline{p} \in X^*$ abbildet mit $l(\overline{p}) = l(p)$:

$$f: p = x_1 x_2 \dots x_{2k-1} x_{2k} \to \overline{p} = \overline{x}_1 \overline{x}_2 \dots \overline{x}_{2k-1} \overline{x}_{2k}$$

$$\left.\begin{array}{ll} \overline{x}_i = m_{11} x_i + m_{12} x_{i+1} \pmod 5 & \text{für } i \equiv 1\ (4) \\ \overline{x}_i = m_{21} x_{i-1} + m_{22} x_i \pmod 5 & \text{für } i \equiv 2\ (4) \\ \overline{x}_i = n_{11} x_i + n_{12} x_{i+1} \pmod 5 & \text{für } i \equiv 3\ (4) \\ \overline{x}_i = n_{21} x_{i-1} + n_{22} x_i \pmod 5 & \text{für } i \equiv 0\ (4) \end{array}\right\} \quad m_{ij}, n_{ij} \in X.$$

Dann gilt

$$\left.\begin{array}{l} \overline{x}_{i+1}\overline{x}_{i+2} = (m_{11} x_{i+1} + m_{12} x_{i+2})(m_{21} x_{i+1} + m_{22} x_{i+2}) \\ \overline{x}_{i+3}\overline{x}_{i+4} = (n_{11} x_{i+3} + n_{12} x_{i+4})(n_{21} x_{i+3} + n_{22} x_{i+4}) \end{array}\right\} \quad \text{für } i \equiv 0\ (4).$$

Es liegen also zwei Hill-Schlüssel vor:

$$f_1: x_1 x_2 \to \overline{x}_1 \overline{x}_2 \quad \text{mit} \quad \overline{x}_i = \sum_{j=1}^{2} m_{ij} x_j,$$

$$f_2: x_1 x_2 \to \overline{x}_1 \overline{x}_2 \quad \text{mit} \quad \overline{x}_i = \sum_{j=1}^{2} n_{ij} x_j.$$

Mit $Y = X^2$ ist die folgende Funktion φ eine sequentielle Funktion über $\langle Y, Y \rangle$ mit den Zuständen f_1 und f_2:

$$\varphi(y_1 y_2 \dots y_n) = f_1(y_1)\, f_2(y_2)\, f_1(y_3)\, f_2(y_4) \dots f_i(y_n) \quad \text{mit}$$
$$i \in \{1, 2\}, i \equiv n\ (2).$$

Diese Funktion wird in $\underline{A}^\varphi$ durch f_1 erzeugt. Der Automat $\underline{A}^\varphi$ (der also φ darstellt), sieht dann so aus:

$$\underline{A}^\varphi = [Y, Y, \{f_1, f_2\}, \delta^\varphi, \lambda^\varphi], \quad \text{mit}$$
$$\delta^\varphi(f_1, y) = f_2,\ \delta^\varphi(f_2, y) = f_1,\ \lambda^\varphi(f_i, y) = f_i(y).$$

Es gibt sequentielle Funktionen über endlichen Alphabeten, die unendlich viele Zustände besitzen – sie können daher in keinem endlichen Automaten dargestellt werden. Ein Beispiel dafür ist das

Beispiel 4: X = {x}, Y = {0, 1} seien zwei Alphabete und $\varphi: X^* \to Y^*$ eine Wortfunktion über $\langle X, Y \rangle$, die für $n \geqslant 1$ folgendermaßen erklärt wird:

$$\varphi(x^n) = y_1 y_2 \dots y_n \text{ mit } y_i = \begin{cases} 1, \text{falls } i \text{ Quadratzahl} \\ 0, \text{sonst} \end{cases}$$

und

$$\varphi(e) = e \text{ für } n = 0.$$

Mit diesen Festlegungen ist φ offensichtlich sequentiell; für $x^n \in X^*$ sei φ_n der zu x^n gehörende Zustand von φ. Es wird gezeigt, daß gilt

$$\varphi_n = \varphi_m \Rightarrow n = m \ \forall n, m \in \mathbb{N} + \{0\},$$

d. h. daß φ unendlich viele Zustände besitzt. Sei $\varphi_n = \varphi_m$, dann folgt

$$\varphi_n(x^k) = \varphi_m(x^k) \ \forall k \in \mathbb{N} + \{0\}.$$

Seien $i, j \geqslant 1$ so gewählt, daß

$$\varphi_n(x^i) = 0^{i-1}1, \ \varphi_n(x^{i+j}) = 0^{i-1}1\,0^{j-1}1$$

gilt – solche Zahlen i, j existieren offensichtlich für jedes n. Sei $\varphi_n = \varphi_m$, die Wörter $\varphi(x^{n+i})$, $\varphi(x^{n+i+j})$, $\varphi(x^{m+i})$, $\varphi(x^{m+i+j})$ enden dann alle mit dem Buchstaben 1. Aus der Wahl von i und j folgt dann, daß

$$n + i \text{ und } n + i + j \text{ bzw. } m + i \text{ und } m + i + j$$

konsekutive Quadratzahlen sind, d. h. es existieren natürliche Zahlen k und l mit

$$n + i = k^2, \ n + i + j = (k + 1)^2 \quad \text{und} \quad m + i = l^2, \ m + i + j = (l + 1)^2.$$

Nun ist

$$(n + i + j) - (n + i) = (m + i + j) - (m + i).$$

Daraus folgt

$$(k + 1)^2 - k^2 = (l + 1)^2 - l^2$$
$$\Rightarrow k = l$$
$$\Rightarrow n = m.$$

Man sieht dann, daß die sequentielle Funktion $\varphi : X^* \to Y^*$ abzählbar-unendlich viele Zustände besitzt, d. h. auch, daß φ in keinem endlichen Automaten dargestellt werden kann.

Das hier im Vorstehenden genannten Verfahren zur Darstellung einer Automatenabbildung in einem Automaten geht zurück auf *Raney* (1958). Es wurde dabei gezeigt, daß das Bestehen der Automatenbedingungen (*) und (**) für eine Funktion φ notwendig und hinreichend sind dafür, daß (die Wortfunktion) φ (über $\langle X, Y \rangle$) in einem Automaten $\underline{A}^\varphi = [X, Y, Z^\varphi, \delta^\varphi, \lambda^\varphi]$ dargestellt werden kann. Der Automat $\underline{A}^\varphi$ ist nach Konstruktion ein Mealy-Automat.

Entsprechende Betrachtungen sollen jetzt auch für die Erzeugbarkeit von Abbildungen in Moore-Automaten durchgeführt werden – dabei wird allgemeiner sogar eine ganze Abbildungsfamilie betrachtet:

$$\{\varphi^{(m)} \mid \varphi^{(m)} : X^* \to Y^*, m \in M\}$$

ist eine Familie von Wortfunktionen, M dabei eine nichtleere Parametermenge (für die folgenden Betrachtungen vgl. man auch *Gluschkow* (1963)).

Definition 2: B, X, Y *seien nichtleere Mengen.* $\underline{A} = [X, Y, Z, \delta, \mu]$ *sei ein Moore-Automat mit*

$$Z = \{z \mid z = bp,\ p \in X^*,\ b \in B\} \quad \textit{und}$$
$$\delta(bp, x) = bpx\ \forall bp \in Z,\ x \in X$$

Die Markierungsfunktion μ *wird nicht näher festgelegt. Der Automat* $\underline{A}$ *heißt freier Moore-Automat*[1]) *und die Menge* B *freies Erzeugendensystem von* $\underline{A}$.

Für die Darstellbarkeit in Moore-Automaten gilt nun der

Satz 4: $\{\varphi^{(m)} \mid m \in M\}$ *sei eine Menge von Automatenabbildungen, es sei* $\varphi^{(m)}: X^* \to Y^*$ $\forall m \in M$. *Zu jeder solchen Menge läßt sich ein freier Moore-Automat* $\underline{A} = [X, Y, Z, \delta, \mu]$ *konstruieren, in dem jede Abbildung* $\varphi^{(m)}$ *dargestellt wird. Als freies Erzeugendensystem kann dabei die Menge* $B = \{\varphi^{(m)} \mid m \in M\}$ *genommen werden.*

Beweis: Sei

$$Z = \{z \mid z = \varphi^{(m)}p,\ p \in X^*\}$$

(das Abbildungssymbol $\varphi^{(m)}$ ist dabei als Buchstabe zu deuten). Mit der Definition

$$\delta(\varphi^{(m)}p, x) = \varphi^{(m)}px,\ \varphi^{(m)}p \in Z,\ x \in X$$

wird $\underline{A}$ nach Definition 2 ein freier (Moore-)Automat bezüglich des freien Erzeugendensystems B.

Die Markierungsfunktion $\mu: Z \to Y$ ist noch frei – sie wird nun so festgelegt: μ ordne jedem Zustand $\varphi^{(m)}p \in Z$ den letzten Buchstaben des Wortes $\varphi^{(m)}(p) \in Y^*$ zu, wenn $p \neq e$ ist und einen beliebigen Buchstaben aus Y, wenn $p = e$ ist (man beachte die Arbeitsweise). Zu zeigen ist nun: $\varphi^{(m)}$ ist für alle $m \in M$ im Automaten dargestellt. Sei

$$p = x_1 x_2 \ldots x_k \in X^*,\ p \neq e \qquad \text{und}$$
$$y_1 y_2 \ldots y_k \in Y^* \quad \text{mit} \quad y_1 y_2 \ldots y_k = \varphi^{(m)}(p)$$

(mit dem eben gewählten $\varphi^{(m)}$). Im Zustand $\varphi^{(m)}e$ entspricht dem Eingabewort p die Zustandsfolge (das Zustandswort – hier mit Kommata geschrieben)

$$\varphi^{(m)}x_1,\ \varphi^{(m)}x_1x_2, \ldots,\ \varphi^{(m)}x_1x_2 \ldots x_k$$

und damit nach Definition von μ das Ausgabewort

$$\mu(\varphi^{(m)}x_1)\ \mu(\varphi^{(m)}x_1x_2) \ldots \mu(\varphi^{(m)}x_1x_2 \ldots x_k).$$

$\mu(\varphi^{(m)}x_1x_2 \ldots x_i)$ ist der letzte Buchstabe des Wortes $\varphi^{(m)}(x_1x_2 \ldots x_i) \in Y^*$.

Aus der Automatenbedingung (**) folgt dann (wegen der Eindeutigkeit der Wörter)

$$\varphi^{(m)}(x_1x_2 \ldots x_i) = y_1y_2 \ldots y_i;\ i = 1, 2, \ldots, k.$$

---

[1]) $\underline{A}$ heißt freier Moore-Automat, weil seine Zustandsmenge (bzw. Überführungsfunktion) frei ist von Relationen der Art $\delta(z, r_1) = \delta(z, r_2)$ für $r_1 \neq r_2$.

Das heißt nun: Im Zustand $\varphi^{(m)}e$ von $\underline{A}$ entspricht dem Eingabewort $p = x_1 x_2 \dots x_k$ das Ausgabewort

$$y_1 y_2 \dots y_k = \varphi^{(m)}(p) \in Y^*.$$

Also: $\varphi^{(m)}$ wird in $\underline{A}$ durch den Zustand $\varphi^{(m)}e$ erzeugt; alle $\varphi^{(m)}$, $m \in M$ sind damit im Automaten $\underline{A}$ darstellbar. ∎

Die Anzahl der Zustände eines freien Moore-Automaten ist unendlich (ggf. ist sie aber abzählbar – falls B bzw. M und X höchstens abzählbar sind). Eine Darstellung einer Automatenabbildung – oder sogar einer ganzen Familie – in einem endlichen Automaten dieser Struktur ist also nicht möglich. Die „Realisierung" (vgl. auch den nächsten Abschnitt) von solchen freien Moore-Automaten macht deshalb Schwierigkeiten.

3.3. Realisierung von Wortfunktionen

Was unter Realisierung von Automaten bzw. von Wortfunktionen zu verstehen ist, wird in den nachstehenden Definitionen 1 und 2 deutlich. Es handelt sich dabei um einen allgemeinen Begriff der Darstellung von Abbildungen in Automaten – man versucht jetzt, sich von den Automatenbedingungen (*) und (**) freizumachen; man ist dann natürlich gezwungen, die bei den Automaten verwendeten Alphabete evtl. anders als bisher zu interpretieren (etwa in der Definition 2) oder noch weitere (Zusatz-)Buchstaben in sie aufzunehmen. Es wird hier also eine allgemeine Darstellung von Wortfunktionen in Automaten behandelt. Zunächst wird in diesem Zusammenhang aber noch kurz auf die Realisierung von Automaten eingegangen.

Definition 1: *Gegeben seien die Automaten* $\underline{A} = [X, Y, Z, \lambda, \delta]$ *und* $\underline{A}' = [X', Y', Z', \delta', \lambda']$. *Der Automat* $\underline{A}$ *realisiert den Automaten* $\underline{A}'$, *wenn* $\underline{A}$ *einen Teilautomaten* $\underline{A}''$ *besitzt, der äquivalent zu (ggf. einem isomorphen Automaten von)* $\underline{A}'$ *ist.*

Bemerkung 1: Gibt es einen Isomorphismus von $\underline{A}''$ auf $\underline{A}'$, so nennt man die Realisierung isomorph; gibt es einen Homomorphismus von $\underline{A}''$ auf $\underline{A}'$, so spricht man natürlich von einer homomorphen Realisierung. ∎

Auf Realisierungen von Automaten (lineare Realisierungen) wird im Kapitel 5 (Lineare Automaten) noch etwas näher eingegangen. – Im Zusammenhang mit dem Vorstehenden steht die

Definition 2: *Die Wortfunktion* φ *über* $\langle X, Y \rangle$ *wird vom Zustand* z *des Automaten* $\underline{A} = [X, Y_0, Z, \delta, \lambda]$ *realisiert genannt, wenn*

$$\varphi(p) = |\lambda(z, p)| \quad \forall p \in X^*$$

gilt. Dabei ist $Y_0 \subset Y^*$ *(eine Teilmenge der Wortmenge über* Y*) das Ausgabealphabet*[1]) *von* $\underline{A}$ *und* $|\lambda(z, p)|$ *ist das Wort, das durch Konkatenation (Verkettung) der Wörter*

$$\lambda(z, x_1), \lambda(\delta(z, x_1), x_2), \dots, \lambda(\delta(z, x_1 x_2 \dots x_{n-1}), x_n) \in Y_0$$

[1]) Man benutzt hier das Wort „Alphabet" auch dann, wenn Y_0 nicht endlich ist.

entsteht, falls $p = x_1 x_2 \ldots x_n$ *ist. Eine Wortfunktion* φ *über* $\langle X, Y \rangle$ *heißt realisierbar, wenn es einen Automaten und einen entsprechenden Zustand mit den angegebenen Eigenschaften gibt.*

Bemerkung 2: Die Definition 2 bedarf noch der Erläuterung. Die wesentliche Verallgemeinerung der bisherigen Betrachtungen liegt darin, daß als Ausgabealphabet des zu konstruierenden Automaten i.a. eine Teilmenge $Y_0 \subset Y$ der durch Y (und damit durch φ) bestimmten Wortmenge Y^* zugelassen wird. Man verzichtet hier also auf die Längentreue der Abbildung φ. Das Wort $|\lambda(z, p)|$ ist ein Wort über dem Alphabet Y_0. Die Art und Weise der Verknüpfung in $|\lambda(z, p)|$ entspricht genau der früher in der Definition 2 des Abschnitts 1.2 betrachteten Erweiterung der Ergebnisfunktion auf Wörter. ■

Der nächste Satz gibt eine erste Verallgemeinerung der im vorhergehenden Abschnitt betrachteten Darstellbarkeit von Wortfunktionen in Automaten[1]) (Verzicht auf die Längentreue der Wortfunktion).

Satz 1: *(Realisierbarkeitssatz) Die Wortfunktion* φ *über* $\langle X, Y \rangle$ *ist genau dann realisierbar, wenn sie die Bedingung (**) erfüllt und wenn* $\varphi(e) = e$ *ist.*

Beweis: Die angegebenen Bedingungen sind wegen der Definition 2 offenbar notwendig; $\varphi(e) = e$ muß wegen der wie im bisherigen generell vorausgesetzten Arbeitsweise von Automaten gelten ($\varphi(e) = e$ vertritt jetzt (*)). Die angegebenen Bedingungen sind für die Realisierung (im Sinne von Definition 2) aber auch hinreichend: Man betrachtet den Automaten $\underline{A}^\varphi = [X, Y^\varphi, Z^\varphi, \delta^\varphi, \lambda^\varphi]$, bei dem das Ausgabealphabet Y durch die Wortmenge

$$Y^\varphi = Y_0 = \{\varphi_p(x) \mid \varphi_p \in Z^\varphi \wedge x \in X\}$$

ersetzt wird – damit hat man die zur Konstruktion von $\underline{A}^\varphi$ notwendige Längentreue künstlich erzeugt (jedes Element von Y_0 hat dann nach Definition wieder die Länge 1). Die weiteren Überlegungen verlaufen dann wie beim Beweis von Satz 2 in Abschnitt 3.2). ■

Die eben durchgeführte Verallgemeinerung war im Grunde nichts weiter als eine Verallgemeinerung durch „Umtaufen“. Interessanter sind nun die folgenden Überlegungen.

Man verzichtet jetzt auf beide Automatenbedingungen, also auch auf das Bestehen der Beziehung (**) und sogar auf die Bedingung $\varphi(e) = e$ (was natürlich entsprechende Modifikationen der angenommenen Arbeitsweise des Systems notwendig macht). Man legt somit allgemeine Wortfunktionen φ über $\langle X, Y \rangle$ zugrunde und fragt nach Automaten (mit geeigneten Alphabeten und charakterisierenden Funktionen), in denen sich φ darstellen läßt.

Gegeben seien nun zwei Alphabete X und Y und eine Abbildung $\varphi : X^* \to Y^*$ (die also nicht notwendig den Automatenbedingungen genügen muß). Zu der Abbildung φ wird nun eine Automatenabbildung ψ konstruiert (und zu ihrer Darstellung existiert dann ein Automat); dann wird noch gezeigt, daß φ auch durch ψ eindeutig bestimmt ist.

---

1) Dieses Modell entspricht offensichtlich in groben Zügen den Verhältnissen bei Rechenanlagen. An der vorausgesetzten Arbeitsweise des zu konstruierenden Automaten $\underline{A}^\varphi$ ändert sich natürlich nichts: In jedem Takt wird genau ein Element (ein Wort) von Y_0 ausgegeben) für φ setzt man dann i.a. natürlich keine solche im strengen Sinne taktweise Arbeit voraus.

Seien $\alpha \notin X$ und $\beta \notin Y$, dann erklärt man $X' = X + \{\alpha\}$, $Y' = Y + \{\beta\}$. ψ wird als Wortfunktion über $\langle X', Y' \rangle$ eingeführt und so erklärt: Sei $p \in X^*$ und $q = \varphi(p) \in Y^*$, dann sei

$$p_1 = p\alpha\alpha \ldots \alpha \quad \text{mit } l(p_1) = l(p) + l(q);\ p_1 \in X'^*$$

Man legt dann fest

$$\psi(p_1) = q_1 = \beta\beta \ldots \beta q \in Y'^* \quad \text{mit } l(q_1) = l(p) + l(q) = l(p_1)$$

Damit ist ψ „für alle Wörter p" erklärt; ψ wird jetzt für die Anfangsstücke solcher Wörter definiert: $p_2 \in X'^*$ sei ein Anfangsstück von $p_1 \in X'^*$, dann sei $\psi(p_2) = q_2$ das Anfangsstück von $q_1 = \psi(p_1)$ mit $l(q_2) = l(p_1)$ (ψ bleibt dabei natürlich eindeutig). Das Bild $\psi(p')$ eines belibigen Wortes $p' \in X'^*$ wird dann so erklärt: p' läßt sich eindeutig in der Form $p' = p'_1 p'_2$ schreiben, wobei p'_1 das maximale Anfangsstück von p' ist, für das ψ bereits erklärt ist (evtl. ist $p'_1 = e$ – wenn nämlich p' mit α beginnt); man erklärt dann natürlich

$$\psi(p') = \psi(p'_1)\beta\beta \ldots \beta \quad \text{mit } l(\psi(p')) = l(\psi(p'_1)) + l(p'_2)$$

Man definiert schließlich noch $\psi(e) = e$; mit diesen Definitionen und Festsetzungen ist ψ also eine Wortfunktion über $\langle X', Y' \rangle$, die offensichtlich den Automatenbedingungen genügt; es existiert also ein Automat $\underline{A}^\varphi = [X', Y', Z^\varphi, \delta^\varphi, \lambda^\varphi]$, in dem ψ und damit auch φ darstellbar ist.

Nun sei eine solche (Automaten-)Abbildung ψ gegeben; dann ist dadurch auch die Abbildung $\varphi: X^* \to Y^*$ (in sogenannter kanonischer Weise) bestimmt. Sei nämlich $p \in X^*$ – dann fügt man an p rechts eine hinreichend große Anzahl von Zusatzbuchstaben α an, schließlich kommt man dann sicher zu einem Wort $p_1 \in X'^*$, dessen Bild $\psi(p_1) \in Y'^*$ mit einem Zusatzbuchstaben $\beta \notin Y$ endet. In $\psi(p_1)$ streicht man dann sämtliche Buchstaben β – das verbleibende eindeutig bestimmte (Rest-)Wort q ist nach der obigen Konstruktion von ψ gerade das Bild des Wortes p bei der Abbildung φ.

Also gilt der

Satz 2: *φ sei eine Wortfunktion über $\langle X, Y \rangle$ und $\alpha \notin X, \beta \notin Y$. Dann gibt es zu φ eine eindeutig bestimmte Automatenabbildung*

$$\psi: X'^* \to Y'^* \quad \textit{mit} \quad X' = X + \{\alpha\},\ Y' = Y + \{\beta\}$$

die die ursprüngliche Abbildung φ selbst wieder eindeutig festlegt. Es existiert dann ein (Mealy-Automat) $\underline{A}^\varphi$, in dem ψ und damit auch φ dargestellt werden.

Das eben beschriebene Verfahren (das sogenannte Standardverfahren zur Herstellung der Längengleichheit von Wörtern; *Gluschkow* (1963)) zur Konstruktion von Automaten, in denen die Wortfunktion φ dargestellt wird, ist offensichtlich nicht „optimal" – man denke dabei nur an den Fall, daß φ selbst schon eine Automatenabbildung ist. In einem längeren Beispiel[1]) soll das eben beschriebene Verfahren noch einmal erläutert werden.

---

[1]) Dieses Beispiel wurde von Herrn *H. Völker* zusammengestellt.

Beispiel 1: φ sei eine Wortfunktion über $\langle X, Y \rangle$ mit $X = Y = \{0, 1\}$ und

$$\varphi(e) = 0,\ \varphi(p0) = \varphi(p)\ \forall p \in X^*$$
$$\varphi(p) = \varphi(x_1 x_2 \dots x_n) = rs\ (x_n = 1) \text{ mit}$$
$$r = 0 \dots 0,\ s = 1 \dots 1, \text{ wobei } l(r) = |\{x_i | x_i = 0\}| \text{ und}$$
$$l(s) = |\{x_i | x_i = 1\}| \text{ ist.}$$

φ erfüllt weder (*) noch (**) (es ist z. B.

$$\varphi(1) = 1 \text{ und } \varphi(101) = 011).$$

Man definiert nun die Wortfunktion ψ über $\langle X', Y' \rangle$, wobei $X' = \{0, 1, \alpha\}$ und $Y' = \{0, 1, \beta\}$ ist. Jedem $p \in X^*$ wird eindeutig ein $p_1 \in X'^*$ zugeordnet durch

$$p_1 = p\alpha \dots \alpha \text{ mit } l(p_1) = l(p) + l(\varphi(p)).$$

Für p_1 wird $\psi(p_1)$ definiert durch

$$\psi(p_1) = \beta \dots \beta\beta\varphi(p) \quad \text{mit} \quad l(\psi(p_1)) = l(p_1)$$

Man erhält damit

p	$\varphi(p)$	p_1	$\psi(p_1)$
e	0	α	0
0	0	0α	$\beta 0$
1	1	1α	$\beta 1$
00	0	00α	$\beta\beta 0$
01	01	$01\alpha\alpha$	$\beta\beta 01$
10	1	10α	$\beta\beta 1$
11	11	$11\alpha\alpha$	$\beta\beta 11$
000	0	000α	$\beta\beta\beta 0$
001	001	$001\alpha\alpha\alpha$	$\beta\beta\beta 001$
010	01	$010\alpha\alpha$	$\beta\beta\beta 01$
100	1	100α	$\beta\beta\beta 1$
011	011	$011\alpha\alpha\alpha$	$\beta\beta\beta 011$
101	011	$101\alpha\alpha\alpha$	$\beta\beta\beta 011$
110	11	$110\alpha\alpha$	$\beta\beta\beta 11$
111	111	$111\alpha\alpha\alpha$	$\beta\beta\beta 111$
....	usw.		

Die Abbildung $f: p \to p_1$ ist eineindeutig. Als nächstes wird ψ für die Anfangsstücke der p_1 definiert: Ist $p_1 = p_2 p'$ für ein p_1, so ist

$$\psi(p_1) = \psi(p_2)q' \quad \text{mit} \quad l(\psi(p_2)) = l(p_2)$$

Man erhält hier z. B.

p_2	e	0	1	00	01α	11α
$\psi(p_2)$	e	β	β	$\beta\beta$	$\beta\beta 0$	$\beta\beta 1$

Alle Wörter $p \in X^*$ sind Anfangsstück eines Wortes $p_1 \in X'^*$, nämlich entweder des p zugeordneten Wortes p_1 oder Anfangsstück eines Wortes t_1, das dem Wort t mit $t = pr$ zugeordnet ist. In jedem Fall ergibt sich

$$\psi(p) = \beta \ldots \beta \text{ mit } l(\psi(p)) = l(p).$$

Andere Möglichkeiten für p_2 sind nur noch $p_2 = p\,\alpha \ldots \alpha$ mit $p \in X^*$. Hier kann p_2 aber nur Anfangsstück des p_1 sein, das p zugeordnet ist. $\psi(p_2)$ ist also in jedem Fall eindeutig festgelegt.

Man definiert nun noch ψ für beliebige $p' \in X'^*$: p' läßt sich eindeutig darstellen als $p' = p_1' p_2'$, wobei p_1' das maximale Anfangsstück ist, für das ψ bereits erklärt ist. Dann ist

$$\psi(p') = \psi(p_1')\beta \ldots \beta \text{ mit } l(\psi(p')) = l(p').$$

Man erhält

p'	$01\alpha\alpha\alpha$	$01\alpha110$	$0\alpha01$	$\alpha\alpha\alpha001$
$\psi(p')$	$\beta\beta01\beta$	$\beta\beta0\beta\beta\beta$	$\beta0\beta\beta$	$0\beta\beta\beta\beta\beta$

$\psi(p')$ kann also maximal zwei β-Gruppen enthalten, davon dann eine am Anfang und eine am Ende des Wortes. ψ ist eine Automatenabbildung; ψ wird daher in dem Automaten $\underline{A}^\psi = [X', Y', Z^\psi, \delta^\psi, \lambda^\psi]$ mit

$$Z^\psi = \{\psi_p \mid p \in X'^*\},\ \delta^\psi(\psi_p, x) = \psi_{px},\ \lambda^\psi(\psi_p, x) = \psi_p(x)$$

durch den Zustand ψ_e erzeugt.

Für die Zustände von ψ gilt:

$$\psi_\alpha = \psi_{p_1} = \psi_{p_1 r} \quad \text{für alle } p_1 \text{ der oben angegebenen Art.}$$

Dabei ist:

$$\begin{aligned}
\psi_\alpha &: s \to \beta\beta \ldots \beta \\
\psi_0 &: \alpha \to 0,\ 0\alpha \to \beta0,\ 1\alpha\alpha \to \beta01,\ 1\alpha \to \beta0, \\
&\quad 1\alpha\alpha\alpha \to \beta01\beta,\ \alpha01 \to 0\beta\beta, \ldots \\
\psi_1 &: \alpha \to 1,\ 0\alpha \to \beta1,\ 1\alpha\alpha \to \beta11,\ 1\alpha \to \beta1, \\
&\quad 1\alpha\alpha\alpha \to \beta11\beta,\ \alpha01 \to 1\beta\beta, \ldots .
\end{aligned}$$

Gibt man in den Automaten $\underline{A}^\psi$ das dem Wort $p \in X^*$ zugeordnete Wort $p_1 \in X'^*$ ein, so gibt $\underline{A}^\psi$ das Wort $\psi(p_1)$ aus, das aus einem Anfangsstück aus lauter β und $\varphi(p)$ als Endstück besteht. φ wird also in $\underline{A}^\psi$ „dargestellt“.

Von der oben definierten Automatenabbildung ψ kommt man wieder zu φ zurück, indem man an ein vorgegebenes $p \in X^*$ solange ein α anhängt, bis in $\psi(p\alpha\alpha \ldots \alpha)$ als letzter Buchstabe ein β auftritt. (Bei weiterem Zufügen eines α würde dann an $\psi(p\alpha\alpha \ldots \alpha)$ gemäß der o.a. Vorschrift nur ein weiteres β angehängt.)

Streicht man in $\psi(p\alpha\alpha \ldots \alpha)$ alle Buchstaben β, so hat man wieder das Wort $\varphi(p)$.

Z. B. sei $\varphi(110)$ gesucht; es ist

$$\begin{aligned}\psi(110) &= \beta\beta\beta\\ \psi(110\alpha) &= \beta\beta\beta 1\\ \psi(110\alpha\alpha) &= \beta\beta\beta 11\\ \psi(110\alpha\alpha\alpha) &= \beta\beta\beta 11\beta \Rightarrow \varphi(110) = 11\end{aligned}$$

(und $\psi(110\alpha\alpha\alpha\alpha) = \beta\beta\beta 11\beta\beta$).

Das nun im folgenden noch geschilderte Vorgehen ist in mancher Beziehung eleganter als das Standardverfahren zur Herstellung der Längengleichheit von Wörtern – und „optimaler". Die hier ohne Beweise gegebene Darstellung folgt *Starke* (1969). Gegeben sei eine beliebige Wortfunktion φ über $\langle X, Y\rangle$. Zum Eingabealphabet X nimmt man noch einen zusätzlichen Buchstaben $\omega \notin X$ (eine sogenannte Endmarkierung) hinzu. Man sagt dann, daß der Zustand z eines geeigneten Automaten die Wortfunktion φ ω-realisiert, wenn bei Eingabe von $p\,\omega \in (X + \{\omega\})^*$ eine Folge von Wörtern ausgegeben wird, deren Verkettung (Konkatenation) gerade das Wort $\varphi(p)$ ist.

Definition 3: *φ sei eine Wortfunktion über $\langle X, Y\rangle$, es sei $\omega \notin X$. Man nennt φ vom Zustand z des Automaten $\underline{A} = [X + \{\omega\}, Y_0, Z, \delta, \lambda]$ $(Y_0 \subset Y^*)$ ω-realisiert, wenn für alle $p \in X^*$ gilt*

$$\varphi(p) = |\lambda(z, p\omega)|$$

(vgl. auch die Definition 2).

Grundlegend ist hier der auf *Modrow* zurückgehende Begriff des Zustandssystems beliebiger Wortfunktionen.

Definition 4: *φ sei eine Wortfunktion über $\langle X, Y\rangle$. Eine Menge*

$$Z^{\varphi} = \{[\sigma_p, \tau_p] \mid p \in X^*\}$$

heißt Zustandssystem von φ, wenn gilt:

1. $\bigwedge_{p \in X^*}$ (σ_p, τ_p *sind Wortfunktionen über* $\langle X, Y\rangle$).

2. $\bigwedge_{p,r \in X^*} (\varphi(pr) = \sigma_e(p)\,\tau_p(r))$.

3. $\bigwedge_{p,r \in X^*} (\sigma_e(pr) = \sigma_e(p)\,\sigma_p(r))$.

Die Funktionen σ_p, τ_p sind also „nahezu" Automatenabbildungen.

Beispiel 2: Jede Wortfunktion $\varphi: X^* \to Y^*$ besitzt ein Zustandssystem: seien $p, r \in X^*$

$$\sigma_p(r) = e \wedge \tau_p(r) = \varphi(pr)\ \forall p, r \in X^*.$$

Das System $\{[\sigma_p, \tau_p]\}$ genügt dann den Bedingungen der Definition 4.

Über diese ω-Realisierbarkeit von Wortfunktionen sollen dann hier noch einige Ergebnisse mitgeteilt werden. – Der nächste Satz zeigt Eigenschaften von Zustandssystemen:

Satz 3: $Z^\varphi = \{[\sigma_p, \tau_p] \mid p \in X^*\}$ *sei ein Zustandssystem für* φ. *Dann gilt für alle* p, r, $u \in X^*$:

1. $\sigma_p(e) = e$
2. $\varphi(p) = \tau_e(p)$
3. $\sigma_p(ru) = \sigma_p(r)\, \sigma_{pr}(u)$
4. $\tau_p(ru) = \sigma_p(r)\, \tau_{pr}(u)$
5. $[\sigma_p, \tau_p] = [\sigma_r, \tau_r] \Rightarrow \bigwedge_{u \in X^*} ([\sigma_{pu}, \tau_{pu}] = [\sigma_{ru}, \tau_{ru}])$.

Beweis: Starke (1969)

$\varphi : X^* \to Y^*$ sei eine beliebige Wortfunktion. Man setzt für $p, r \in X^*$:

$\sigma_e^0(p) = e$ (für $p = e$)
$\sigma_e^0(p) =$ dem längsten Wort q mit

a) $\bigvee_{s \in Y^*} (qs = \varphi(p))$

b) $\bigwedge_{r \in X^*} \bigvee_{s' \in Y^*} (qs' = \varphi(pr))$ (für $p \neq e$)

$\sigma_p^0(r) =$ dem Wort $s \in Y^*$ mit $\sigma_e^0(pr) = \sigma_e^0(p)s$ (falls $p \neq e$)
$\tau_p^0(r) =$ dem Wort $q \in Y^*$ mit $\tau(pr) = \sigma_e^0(p)q$.

Offenbar ist $Z_0^\varphi = \{[\sigma_p^0, \tau_p^0] \mid p \in X^*\}$ ein Zustandssystem von φ.

Definition 5: Z_0^φ *heißt kanonisches Zustandssystem von* φ.

Satz 4: $Z^\varphi = \{[\sigma_p, \tau_p] \mid p \in X^*\}$ *sei ein beliebiges Zustandssystem von* φ. *Dann gilt*

1. *Für alle* $p \in X^*$ *existiert ein* $s \in Y^*$ *mit* $\sigma_e^0(p) = \sigma_e(p)s$.
2. *Für alle* $p, r \in X^* - \{e\}$ *gilt:* $[\sigma_p, \tau_p] = [\sigma_r, \tau_r] \Rightarrow [\sigma_p^0, \tau_p^0] = [\sigma_r^0, \tau_r^0]$.

Beweis: Starke (1969)

Z_0^φ ist dabei schon „fast“ minimal. Z_{min}^φ sei ein Zustandssystem von φ mit minimaler Anzahl von Elementen; dann gilt

$$|Z_0^\varphi| \leqslant |Z_{min}^\varphi| + 1.$$

Man erhält dann hier den folgenden Darstellungssatz.

Satz 5: *(Modrow)* φ *sei eine Wortfunktion über* $\langle X, Y \rangle$. φ *kann in einem Automaten* ω*-realisiert werden, der nicht mehr Zustände besitzt, als* Z_0^φ *Elemente enthält und* φ *kann in keinem Automaten* ω*-realisiert werden, der weniger Zustände besitzt, als* Z_{min}^φ *Elemente enthält.*

Beweis: Starke (1969)

Schließlich erhält man noch ein Realisierbarkeitskriterium.

Satz 6: *Eine Wortfunktion φ über $\langle X, Y \rangle$ ist genau dann realisierbar, wenn für alle* $[\sigma_p^0, \tau_p^0] \in Z_0^\varphi \quad \sigma_p^0 = \tau_p^0$ *ist.*

Beweis: Starke (1969)
Nach Definition 2 heißt realisierbar ja, daß $\varphi(e) = e$ ist und (**) gilt.

Das hier angedeutete Verfahren hat einige Vorteile gegenüber dem Standardverfahren von Gluschkow – nähere Einzelheiten findet man bei *Starke* (1969). Eine Anwendung dieser hier betrachteten Dinge findet man bei *Brückner* (1975) bei der Konstruktion von automatentheoretischen Modellen für Decodierer (im wesentlichen für Prefix-Codes, das sind Codes, bei denen kein Codewort Anfangsstück eines anderen Codeworts ist); dieses Vorgehen, also die Verwendung des kanonischen Zustandssystems, hat den wesentlichen Vorteil, daß die Existenz und die Minimalität des (Modell-)Automaten gesichert sind.

3.4. Ereignisse

Die in diesem und dem folgenden Abschnitt behandelten Dinge, die z. T. mit Begriffen aus der (mathematischen) Lerntheorie und der Codierungstheorie verwandt sind, stehen in engem Zusammenhang mit dem bisher besprochenen Begriff der Wortfunktion; sie vermitteln einmal weitere Einsichten in den Problemkreis „Wortfunktionen" und geben andererseits eine ganze Reihe von Anwendungsmöglichkeiten – auch (und gerade) innerhalb der Theorie. Bevor auf die Ziele des Abschnitts eingegangen wird, sollen noch einige Bezeichnungen eingeführt und Zusammenhänge aufgezeigt werden.

$\varphi : X^* \to X^*$ sei eine beliebige Automatenabbildung (die also (*) und (**) genügt). Damit erklärt man die folgende Menge.

Definition 1: *Für* $y \in Y$ *sei*

$$S_y = \{p \mid p \in X^* \wedge \varphi(p) = \bar{p}y \in Y^*\} \subset X^*$$

Dann gilt:

Satz 1: *Jeder Automatenabbildung φ entspricht eineindeutig das System*

$$S = \{S_y \mid y \in Y\}$$

von Teilmengen von X^*.

Beweis: Es ist

$$S_y \neq \emptyset \quad \forall y \in Y$$

(denn Y soll nur Elemente enthalten, die φ und damit $\underline{A}^\varphi$ tatsächlich ausgeben kann). Gegeben sei φ; dann folgt offensichtlich

$$S_y \cap S_{y'} = \emptyset \quad \text{für } y \neq y'.$$

Jedes Eingabewort $p \neq e$ liegt also in genau einer Menge S_y. Damit ist

$$\sum_{y \in Y} S_y = X^* - \{e\},$$

d. h. jeder Automatenabbildung φ entspricht eindeutig das System S – das ist der erste Teil der Behauptung. Umgekehrt ist nun noch zu zeigen, daß auch ein System

$$S = \{S_y \mid y \in Y\} \quad \text{mit}$$
$$S_y \neq \emptyset \wedge S_y \cap S_{y'} = \emptyset \text{ (für } y \neq y') \wedge \Sigma S_y = X^* - \{e\}$$

eine Automatenabbildung φ eindeutig festlegt. $p = x_1 x_2 \ldots x_m \in X^* - \{e\}$ sei ein beliebiges Wort; $S_{y_i} \in \{S_y \mid y \in Y\}$ sei die Menge, der das Wort $x_1 x_2 \ldots x_i$, $i = 1, 2, \ldots, k$ angehört. Dann ist wegen der Automatenbedingungen für φ und der Eigenschaften der Mengen S_y das nur unter Verwendung des Systems $\{S_y \mid y \in Y\}$ definierte Wort $y_1 y_2 \ldots y_k \in Y^*$ gerade das Bild des Wortes $x_1 x_2 \ldots x_k$ bei Anwendung der Abbildung φ – man ergänzt den Definitionsbereich von φ dann noch mit $\varphi(e) = e$. ∎

Bemerkung 1: $\varphi : X^* \to Y^*$ sei eine Automatenabbildung. Das System (die Zerlegung)

$$S = \{S_y \mid y \in Y\}$$

heißt von φ erzeugt. ∎

Ziel dieses Abschnitts ist nun die Untersuchung des „klassifikatorischen" Verhaltens von Automaten: Man „reizt" einen Automaten mit verschiedenen Eingaben (Eingabewörtern) und fragt, wann er dabei in der gleichen Weise reagiert. Eine Menge S_y (oder eine Teilmenge davon – bei entsprechend nach links fortgesetztem Einteilungsverfahren) wird dann interpretiert als „Klasse von Reizen"[1]). – Diese Begriffsbildungen werden u. a. bei der Untersuchung von Lernsystemen angewandt (vgl. auch *Menzel* (1970)).

Eine Verallgemeinerung der Fragestellung von Satz 1 ist: Wann gibt es zu einer beliebigen Teilmenge E von X^* (einem sogenannten Ereignis) einen initialen Automaten, in dem E dargestellt wird? – Satz 1 beantwortet diese Frage – und zwar auf dem Weg über die Automatenabbildungen – für gewisse Teilmengen bzw. Mengensysteme. Naturgemäß sind diese Fragestellungen bei endlichen Automaten von besonderem Interesse (vgl. dazu auch den Abschnitt 3.5).

Definition 2: X *sei ein Alphabet.* E *heißt Ereignis über dem Alphabet* X *genau dann, wenn* $E \subset X^* - \{e\}$ *gilt. Ein Automatensystem von Ereignissen über dem Alphabet* X *ist ein System von disjunkten Ereignissen über* X*, dessen Vereinigung (d. h. hier also dann: dessen Summe) gleich* $X^* - \{e\}$ *ist. – Man nennt noch*

$E = \emptyset$ *unmögliches Ereignis,*
$E = X^* - \{e\}$ *sicheres Ereignis.*

Man vergleiche dazu die entsprechenden Begriffsbildungen in der Wahrscheinlichkeitstheorie für den Fall abzählbarer Stichprobenräume: Jedes Element der Potenzmenge $P(X^* - \{e\})$ ist ein Ereignis.

[1]) Der Automat reagiert dann jeweils in der gleichen Weise y – die evtl. vorhandenen, vor y liegenden Ausgabebuchstaben werden als nicht wesentliche „Zwischenergebnisse bei der Bestimmung" der Reaktion y aufgefaßt.

Bemerkung 2: Das oben erklärte System $\{S_y \mid y \in Y\}$ von Ereignissen ist also ein spezielles Automatensystem von Ereignissen über dem Alphabet X. Man nennt es das von φ (also einer sequentiellen Funktion) erzeugte System von Ereignissen über X.

Mit diesen Begriffen gestattet der Satz 1 folgende Formulierung: Das von einer Automatenabbildung $\varphi : X^* \rightarrow Y^*$ erzeugte System von Ereignissen ist ein Automatensystem von Ereignissen über dem Alphabet X. Umgekehrt kann jedes Automatensystem von Ereignissen über einem Alphabet X durch eine Automatenabbildung mit Eingabewörtern aus X^* erzeugt werden. Die Ausgabewörter aus Y^* der Abbildung φ und auch die Abbildung φ selbst sind dabei durch das Automatensystem eindeutig (natürlich nur bis auf die Bezeichnung der Buchstaben des Alphabets Y) bestimmt. ∎

Auf den Sonderfall der initialen Automaten muß noch näher eingegangen werden.

Definition 3: *Das Ereignis* E *über dem Alphabet* X *heißt in dem initialen Automaten* $\underline{A} = [X, Y, Z, \delta, \lambda, z_0]$ *durch den Ausgabebuchstaben* y *dargestellt, wenn* E *aus genau den Wörtern über dem Alphabet* X *besteht, die von der durch den Anfangszustand* z_0 *von* $\underline{A}$ *erzeugten Abbildung*

$$\varphi(\cdot) = \lambda(z_0, \cdot)$$

in ein Ausgabewort überführt werden, das mit dem Buchstaben y *endet.*

Für nichtinitiale Automaten erklärt man den Begriff „Ereignis durch Ausgabebuchstaben y dargestellt" nicht; der Automat $\underline{A}^{\varphi}$ hat als Initialzustand ja den Zustand $\varphi = \varphi_e$. In Analogie zur Definition 3 steht die

Definition 4: *Ein Automatensystem* S *von Ereignissen über* X *heißt durch den initialen Automaten* $\underline{A}$ *dargestellt, wenn* S *aus genau den Ereignissen über* X *besteht, die durch einen Ausgabebuchstaben von* $\underline{A}$ *dargestellt werden.*

Nach Satz 1 kann jedes Automatensystem von Ereignissen über X durch eine gewisse Automatenabbildung φ erzeugt werden (und umgekehrt). Jede Automatenabbildung, also letztlich jedes Automatensystem, kann nun nach Satz 4 des Abschnitts 3.2 durch den Anfangszustand $\varphi = \varphi_e$ eines initialen freien Moore-Automaten dargestellt werden (jetzt liegt ja nur eine einelementige Abbildungsfamilie vor). Aus diesen Betrachtungen folgt auch, daß jedes Ereignis E über X in einem initialen Automaten dargestellt werden kann, denn das System (von Ereignissen)

$$\{E, (X^* - \{e\}) - E\}$$

ist ein Automatensystem und die vorstehenden Überlegungen sind anwendbar. Für diese Tatsache soll hier aber noch ein direkter Beweis angegeben werden.

Satz 2: *Jedes Ereignis* $E \subset X^* - \{e\}$ *ist darstellbar.*

Beweis: Es wird ein initialer freier Moore-Automat $\underline{A}$ angegeben, in dem jedes Ereignis $E \subset X^* - \{e\}$ bei Wahl einer passenden Markierungsfunktion μ_E durch einen bestmmten Buchstaben dargestellt wird. – Sei

$$\underline{A} = [X, \{0,1\}, X^*, \delta, \mu_E, e]$$

mit

$$\delta(p, x) = px \quad \forall p \in X^*, x \in X$$

$$\mu_E(p) = \begin{cases} 1, \text{falls } p \in E \\ e, \text{falls } p = e \\ 0, \text{sonst} \end{cases}$$

der initiale freie Moore-Automat. Zu zeigen ist noch: E wird durch den Buchstaben $1 \in Y = \{0, 1\}$ dargestellt. Es ist

$$\mu_E(e) = e, \ \delta(p, e) = p \ \forall p \in X^*$$
$$p = x_1 x_2 \dots x_n \in X^* - \{e\} \Rightarrow$$
$$\lambda(p, e) = \lambda(x_1 x_2 \dots x_n, e) = \mu_E(\delta(x_1, e)) \dots \mu_E(\delta(x_1 x_2 \dots x_n, e)) = \mu_E(x_1) \dots \mu_E(x_1 x_2 \dots x_n).$$

Damit folgt: $\lambda(p, e)$ endet für $p \in X^* - \{e\}$ genau dann auf 1, wenn $\mu_E(p) = 1$, d. h. $p \in E$ gilt. Es ist $e \notin E$ und $\lambda(e, e)$ endet nicht auf 1 – es ist ja $\lambda(e, e) = e$. ∎

Frühere Überlegungen haben gezeigt, daß es Automatenabbildungen über endlichen Alphabeten X und Y gibt, die in keinem endlichen Automaten darstellbar sind – ein Beispiel dafür ist in Abschnitt 3.2 das Beispiel 4. Entsprechendes gilt natürlich auch bei der Darstellung von Ereignissen.

Beispiel 1: (Analog dem eben genannten Beispiel 4) Gegeben seien

$$X = \{x\}, \ Y = \{0, 1\}; \ \varphi : X^* \to Y^* \text{ mit}$$
$$\varphi(x^n) = y_1 y_2 \dots y_n; \ y_i = \begin{cases} 1, \text{falls i Quadratzahl} \\ 0, \text{sonst} \end{cases}$$

Man betrachtet nun das folgende durch φ bestimmte Automatensystem $S = \{E_0, E_1\}$ mit

$$E_0 = \{x^m \mid x^m \in X^* \wedge m > 0, \text{ m keine Quadratzahl}\}$$
$$E_1 = \{x^m \mid x^m \in X^* \wedge m > 0, \text{ m Quadratzahl}\}$$

Annahme: Das Ereignis E_0 läßt sich in einem endlichen Automaten $\underline{A} = [X, Y, Z, \delta, \lambda, z_0]$ durch einen gewissen Ausgabebuchstaben $y_0 \in Y$ darstellen. Dann wäre auch φ in diesem endlichen Automaten dargestellt. φ läßt sich nun aber in keinem endlichen Automaten darstellen.

Bemerkung 3: Es gilt dann offenbar: Eine Automatenabbildung φ ist genau dann in einem endlichen Automaten erzeugbar, wenn sich das zugehörige Automatensystem von Ereignissen in einem endlichen Automaten darstellen läßt. ∎

Die Darstellbarkeit in endlichen Automaten ist natürlich – wie schon angedeutet – besonders wichtig. Auf Kriterien dafür soll aber hier nicht eingegangen werden; es wird nur kurz die Überleitung zu diesem Problemkreis vorbereitet.

Bisher wurde stets bei Ereignissen das leere Wort ausgeschlossen – diese Einschränkung kann man folgendermaßen umgehen:

Definition 5: $\underline{A} = [X, Y, Z, \delta, \lambda, z_0]$ *sei ein initialer Automat; sei* $Z_0 \subset Z$ *und* $E \subset X^*$ *(bei dem Ereignis* E *wird jetzt also auch das leere Wort zugelassen).* E *heißt in* $\underline{A}$ *durch die Zustandsmenge* Z_0 *dargestellt, wenn gilt*

$$p \in E \iff \delta(z_0, p) \in Z_0$$

Damit gilt der

Satz 3: *Das Ereignis* $E \subset X^* - \{e\}$ *sei in dem initialen Moore-Automaten* $\underline{A} = [X, Y, Z, \delta, \mu, z_0]$ *durch den Ausgabebuchstaben* $y \in Y$ *dargestellt. Im Automaten* $\underline{A}$ *wird dann durch die Menge*

$$Z_0 = \{z \mid \mu(z) = y\} \subset Z$$

(der mit y *markierten Zustände von* $\underline{A}$*) das Ereignis* $E + \{e\}$ *oder das Ereignis* E *dargestellt, je nachdem, ob* $\mu(z_0) = y$ *ist oder nicht.*

Beweis: Der Beweis ist offensichtlich. ■

Eine „Umkehrung" dieses Satzes ist der

Satz 4: *Das Ereignis* $E \subset X^*$ *werde in einem initialen Moore-Automaten* $\underline{A} = [X, Y, Z, \delta, \mu, z_0]$ *durch eine Menge* $Z_0 \subset Z$ *dargestellt. In dem folgenden initialen Moore-Automaten* $\underline{A}' = [X, \{0, 1\}, Z, \delta, \mu', z_0]$ *mit*

$$\mu'(z) = \left\{ \begin{array}{l} 1, \textit{falls } z \in Z_0 \\ 0, \textit{sonst} \end{array} \right\} \forall z \in Z$$

wird dann das Ereignis $E - \{e\}$ *bzw.* E *durch den Buchstaben* $1 \in Y' = \{0,1\}$ *dargestellt, je nachdem, ob* $e \in E$ *(bzw.* $z_0 \in Z_0$*) oder* $e \notin E$ *(bzw.* $z_0 \notin Z_0$*) ist.*

Beweis: Auch dieser Beweis ist offensichtlich – man vergleiche dazu die vorstehenden Betrachtungen; man benutzt noch, daß bei einem Moore-Automaten der letzte Buchstabe des Wortes $\lambda(z_0, p)$ gleich dem Buchstaben $\mu(\delta(z_0, p))$ ist. ■

Die letzten Sätze gestatten es, die „Darstellbarkeit von Ereignissen" auf die „Darstellbarkeit von Zustandsmengen" zurückzuführen. Aus diesem Grunde beschränkt man sich i.a. bei der Untersuchung der Darstellbarkeit von Ereignissen (etwa in endlichen Automaten) auf Automaten ohne Ausgabe, d. h. auf Medwedjew-Automaten (oder besser ausgedrückt: Man identifiziert Ausgabe- und Zustandsalphabet). In der Literatur findet man Näheres dazu – als Darstellbarkeitskriterium dient dann die Definition 5.

3.5. Reguläre Ereignisse

Die letzten Betrachtungen legen es nahe, nach Bedingungen zu suchen, wann Ereignisse in endlichen Automaten[1]) dargestellt werden können. Solche Ereignisse nennt man reguläre Ereignisse – ein synonymer Begriff dazu ist der Begriff der regulären Menge. Diese Dinge haben sehr enge Zusammenhänge mit der Theorie der formalen Sprachen – jedes Ereignis ist ja nach Beispiel 2 des Abschnitts 1.1 eine formale Sprache und die dann erklärten regulären Ereignisse sind natürlich bestimmte und sehr wichtige formale Sprachen.

---

1) Man betrachtet dabei natürlich gemäß Abschnitt 3.4 nur Medwedjew-Automaten.

Auf diese Sprachen und ihre Darstellung durch Automaten wird – wenn auch sehr knapp und nur einführend – im Kapitel 7 eingegangen. Man kann auch die Theorie der endlichen Automaten weitgehend unter Verwendung des Konzepts der regulären Mengen (oder Ereignisse) aufbauen – vgl. dazu etwa *Böhling/Indermark* (1969). Dieser Weg über die regulären Mengen kann je nach Ziel und Anwendungsbereich (vgl. auch Kapitel 7) gewählt werden; man gelangt dann ggf. schneller zu den gerade interessanten Dingen. In der (nicht überschaubaren) Menge der möglichen Ereignisse ist nun das Konzept „reguläres Ereignis" das Ordnungsprinzip. Die regulären Ereignisse werden jetzt induktiv über sogenannte reguläre Operationen eingeführt.

Gegeben sei das Alphabet X, also eine endliche Menge.

Definition 1:

a) *Die leere Menge* $\emptyset$ *– das unmögliche Ereignis über* X *– ist regulär.*
b) *Jedes Ereignis, das nur ein Element aus* X *enthält, ist regulär (man nennt es auch Elementarereignis).*
c) *Die Vereinigung von regulären Ereignissen ist regulär.*
d) *Das Komplex-Produkt*[1] *von zwei regulären Ereignissen ist regulär.*
e) *Der Stern*[1] *(die nach Anwendung der Kleeneschen Sternoperation erhaltene Menge) eines regulären Ereignisses ist ein reguläres Ereignis.*
f) *Jede Wortmenge, die man durch endlich oftmalige Anwendung der regulären Operationen* c), d) *und* e) *auf reguläre Mengen erhält, ist ein reguläres Ereignis über* X.

Man sagt dann: Diese Wortmenge ist durch einen regulären Ausdruck (also Verknüpfungen von Elementarereignissen) dargestellt.

Bemerkung 1: Offenbar ist jede endliche Mnge von Wörtern über X regulär. Die Menge der regulären Ereignisse über X ist eine (Mengen-)Algebra über (der Basismenge) X, denn dieses System ist abgeschlossen gegenüber der Vereinigungs- und Komplementbildung. Diese Tatsache ergibt sich als Nebenprodukt der Sätze 1 und 2 (vgl. auch Bemerkung 2 – die Abgeschlossenheit gegenüber der Vereinigungsbildung ist natürlich trivial). ■

Gegeben sei nun ein initialer Medwedjew-Automat

$$\underline{A} = [X, Z, \delta, z_0]$$

In ihm lassen sich durch eine Zustandsmenge Z_0 gemäß Abschnitt 3.4 Ereignisse E (es darf $e \in E$ sein) durch die Bedingung

$$p \in E \iff \delta(z_0, p) \in Z_0 \quad (p \in X^*)$$

darstellen.

Satz 1: *Jedes Ereignis, das in einem endlichen initialen Medwedjew-Automaten* $\underline{A}$ *nach der obigen Definition dargestellt werden kann, ist ein reguläres Ereignis über* X. *Ein zugehöriger regulärer Ausdruck läßt sich algorithmisch konstruieren.*

---

[1] Man beachte, daß nach den Definitionen des Komplexprodukts und der Sternbildung gilt: $E \cdot \emptyset = \emptyset \cdot E = \emptyset \wedge \emptyset^* = \{e\}$.

Beweis: Es genügt die Angabe eines Algorithmus, mit dem man zu jedem in einem endlichen initialen Medwedjew-Automaten $\underline{A}$ durch einen gegebenen einzelnen Zustand dargestellten Ereignis einen regulären Ausdruck finden kann. Das durch eine Menge Z_0 von Zuständen dargestellte Ereignis ist dann ja gleich der Vereinigung der Ereignisse, die durch die einzelnen Elemente von Z_0 (genauer: die entsprechenden Einermengen) dargestellt werden.

Also sei

$$\underline{A} = [X, Z, \delta, i] \text{ mit } |X| < \infty \text{ und } Z = \{1, \ldots, n\}$$

gegeben (die Zustandsmenge von $\underline{A}$ läßt sich ja mit diesem Z identifizieren). Für $p = x_1 x_2 \ldots x_k \in X^*$ mit

$$j = \delta(i, p);\ i, j \in Z$$

sagt man: $\underline{A}$ geht aus dem Zustand i durch die Zwischenzustände

$$\delta(i, x_1),\ \delta(i, x_1 x_2) = \delta(\delta(i, x_1), x_2), \ldots, \delta(i, x_1 \ldots x_{k-1})$$

in den Zustand j über.

Sei (mit $i, j = 1, \ldots, n; k = 0, 1, \ldots, n$) $E_{ij}^k \subset X^*$ das Ereignis, das aus genau den nichtleeren Wörtern über X besteht, die den Zustand i in den Zustand j überführen und bei denen als Zwischenzustände höchstens Zustände aus $\{1, \ldots, k\}$ auftreten. – Daher ist E_{ij}^0 also entweder gleich dem unmöglichen Ereignis $\emptyset$ oder gleich einem Elementarereignis $\{x\}$ $(x \in X)$ oder – da $\underline{A}$ endlich ist – gleich einer endlichen Vereinigung von Elementarereignissen; d. h. aber, daß jedes E_{ij}^0 regulär ist und man kann mit Hilfe der Überführungsfunktion δ für E_{ij}^0 sofort einen regulären Ausdruck angeben, nämlich

$$E_{ij}^0 = \bigcup_{\substack{x \in X \\ \text{mit } \delta(i,x) = j}} \{x\}.$$

Das dient als Induktionsverankerung; aus der Annahme, die Ereignisse $E_{ij}^0, E_{ij}^1, \ldots, E_{ij}^{k-1}$ seien alle regulär und die Existenz eines Algorithmus sei gezeigt, folgt die Regularität des Ereignisses E_{ij}^k aus der Rekursionsformel

$$E_{ij}^k = E_{ij}^{k-1} \cup (E_{ik}^{k-1} (E_{kk}^{k-1}) * E_{kj}^{k-1}) \quad (i, j = 1, \ldots, n).$$

Diese Formel liefert dann zugleich auch einen Algorithmus zur Bestimmung eines regulären Ausdruckes für E_{ij}^k. Diese Rekursionsformel muß nun aber noch bewiesen werden. Man zeigt:

a) $E_{ij}^k \supset E_{ij}^{k-1} \cup (E_{ik}^{k-1} (E_{kk}^{k-1}) * E_{kj}^{k-1})$.

Rechts sind ja nur solche Wörter über X enthalten, die den Automaten $\underline{A}$ aus dem Zustand i unter Benutzung von Zwischenzuständen aus $\{1, \ldots, k\}$ in den Zustand j überführen; also gilt die behauptete Inklusion.

b) $E_{ij}^{k} \subset E_{ij}^{k-1} \cup (E_{ik}^{k-1} (E_{kk}^{k-1}) * E_{kj}^{k-1})$.

Sei $e \neq p \in E_{ij}^{k}$. Kommt bei der damit beschriebenen Überführung der Zwischenzustand k nicht vor, so gilt $p \in E_{ij}^{k-1}$ – in diesem Fall ist die Inklusion also richtig. Bei der fraglichen Überführung werde jetzt also der Zustand k angenommen; man kann dann schreiben

$$p = p_1 p_2 \dots p_m ; m \geqslant 2, p_1 \in X^*,$$

wobei p_1 den Automaten $\underline{A}$ aus dem Zustand i nur unter Benutzung von Zwischenzuständen aus $\{1, \dots, k-1\}$ in den Zustand k überführt und jedes der Wörter $p_2, \dots, p_{m-1}$ den Automaten $\underline{A}$ aus dem Zustand k nur unter Benutzung von Zwischenzuständen aus $\{1, \dots, k-1\}$ in den Zustand k überführt und jedes der Wörter $p_2, \dots, p_{m-1}$ den Automaten $\underline{A}$ aus dem Zustand k nur unter Benutzung von Zwischenzuständen aus $\{1, \dots, k-1\}$ in den Zustand k überführt und schließlich das Wort p_m den Automaten $\underline{A}$ aus dem Zustand k nur unter Verwendung von Zwischenzuständen aus $\{1, \dots, k-1\}$ in den Zustand j überführt. Es gilt damit:

$$p_1 \in E_{ik}^{k-1} ; p_2, \dots, p_{m-1} \in E_{kk}^{k-1} ; p_m \in E_{kj}^{k-1}$$

d. h.

$$p = p_1 p_2 \dots p_m \in E_{ik}^{k-1} (E_{kk}^{k-1}) * E_{kj}^{k-1}$$ [1])

Damit ist auch diese Inklusion bewiesen – aus beiden folgt die behauptete Gleichheit, also die obige Rekursionsformel.

Das Ereignis E_{ij}^{n} besteht nun aber aus genau den Wörtern, die den Automaten $\underline{A}$ aus dem Zustand i in den Zustand j überführen; für $j \neq i$ wird E_{ij}^{n} gerade durch den Zustand j im Automaten dargestellt und für $j = i$ ist das dargestellte Ereignis gerade gleich $E_{ii}^{n} + \{e\}$.

Damit ist der Satz 1 – das sogenannte Analysetheorem – vollständig bewiesen. ∎

Die umgekehrte Problemstellung ist das sogenannte Syntheseproblem, also die Konstruktion eines Algorithmus für die Synthese endlicher Atomaten, d. h. zu einem durch einen regulären Ausdruck gegebenem regulären Ereignis soll ein endlicher initialer Automat $\underline{A}$ konstruiert werden, in dem eben dieses Ereignis durch eine Zustandsmenge von $\underline{A}$ gemäß Abschnitt 3.4 dargestellt wird. Das im folgenden geschilderte Verfahren geht auf *Gluschkow* zurück.

Satz 2: *Zu jedem regulären Ereignis läßt sich ein endlicher initialer Medwedjew-Automat* $\underline{A} = [X, Z, \delta, z_0]$ *angeben, in dem dieses Ereignis durch eine geeignete Zustandsmenge dargestellt wird.* $\{E_1, \dots, E_k\}$ *sei ein endliches System von regulären Ereignissen über* X *(die durch reguläre Ausdrücke beschrieben sind); dann gibt es einen Algorithmus, mit dem man einen Automaten* $\underline{A}$ *konstruieren kann, in dem jedes* E_i *durch eine geeignete Menge von Zuständen darstellbar ist. Ist* d(x) *die Anzahl*

---

[1]) Für m = 2 ist bei der Produktbildung aus (E_{kk}^{k-1}) natürlich das leere Wort e zu wählen.

der Stellen, in denen ein $x \in X$ *in den zum Ereignissystem gehörenden regulären Ausdrücken vorkommt, dann kann man* $\underline{A}$ *so wählen, daß gilt:*

$$|Z| \leqslant 1 + \prod_{x \in X} 2^{d(x)}$$

Beweis: Die erste Behauptung ist natürlich ein Sonderfall der zweiten und es genügt, diese zu beweisen.

K sei das System der regulären Ausdrücke, das zu dem System $\{E_1, \ldots, E_k\}$ gehört. Man indiziert nun in irgendeiner Weise die in den Ausdrücken von K auftretenden Elemente von X – dabei erhält jeder an einer bestimmten Stelle eines bestimmten Ausdrucks stehende Buchstabe einen besonderen Index. Dieses so entstandene System von regulären Ausdrücken (in den indizierten Buchstaben) wird hier mit K′ bezeichnet.

Aus einem regulären Ausdruck von K′ kann man offensichtlich die Buchstabenfolgen ablesen, die in den Wörtern des von ihm bestimmten Ereignisses auftreten können; insbesondere lassen sich stets die Mengen der möglichen Anfangs- und Endbuchstaben übersehen.

Nun kann der Automat $\underline{A}$ mit den behaupteten Eigenschaften konstruiert werden. Das Eingabealphabet ist natürlich die Menge X, die Zustandsmenge ist – neben einem gewissen Anfangszustand z_0 – eine Menge von Mengen von indizierten Buchstaben des Systems K′, ggf. gehört die leere Menge dazu. Diese Zustände und die Überführungsfunktion δ von $\underline{A}$ werden dabei induktiv folgendermaßen erklärt:

Sei $x \in X$, dann sei der Zustand $\delta(z_0, x)$ die Menge aller Indizierungen von x, die sich in der oben beschriebenen Form aus den Ausdrücken von K′ mit x als Anfangsbuchstaben ergeben. Dann erklärt man für eine Menge z von indizierten Buchstaben aus K′ (die bereits als Zustand von $\underline{A}$ erkannt ist), bei gegebenem $x \in X$ als Zustand $\delta(z, x)$ die Menge aller der Indizierungen von x, die man aus den Ausdrücken von K′ im beschriebenen Sinne als Nachfolger eines indizierten Buchstabens der („Zustands"-)Menge z erhält. Die dabei erhaltenen Mengen werden, soweit sie noch nicht als Zustände erkannt sind, als weitere Zustände verwendet. Dieses Konstruktionsverfahren bricht natürlich nach endlich vielen Schritten ab.

Damit hat man folgendes erreicht: Ein Wort $p \neq e$ über X gehört genau dann zu dem durch einen regulären Ausdruck Q von K gegebenen Ereignis, wenn die („Zustands"-)Menge $\delta(z_0, p)$ wenigstens einen Endbuchstaben des zu Q gehörenden Ausdruckes Q′ von K′ enthält. Nach Konstruktion gilt aber auch:

$$\delta(z_0, p) = z_0 \Longleftrightarrow p = e$$

und damit gilt wieder, daß das durch einen regulären Ausdruck Q von K beschriebene reguläre Ereignis aus $\{E_1, \ldots, E_k\}$ im Automaten $\underline{A}$ durch die Menge der Zustände von $\underline{A}$ beschrieben wird, die mindestens einen Endbuchstaben von Q′ enthalten. Dabei ist, falls das Ereignis das leere Wort enthält, in diese Menge natürlich noch der (Anfangs-)Zustand z_0 aufzunehmen.

Die angegebene Abschätzung für $|Z|$ ist sofort ersichtlich, denn die Anzahl aller Teilmengen einer n-elementigen Menge (hier: der indizierten Buchstaben) ist gleich 2^n (und außerdem muß der Anfangszustand mitgezählt werden).

Damit ist auch der Satz 2 – das sogenannte Synthesetheorem – bewiesen. ■

Bemerkung 2: Die Bedeutung dieser Sätze für die automatentheoretische Beschreibung von gewissen formalen Sprachen in sogenannten Akzeptoren ist offensichtlich. In Kapitel 7 werden dann zu diesem Problemkreis noch einige Dinge mitgeteilt.

In Bemerkung 1 wurde erwähnt, daß die Menge aller regulären Ereignisse über X eine Mengenalgebra ist; es genügt dazu noch unter Verwendung der Sätze 1 und 2 zu zeigen, daß dieses System gegenüber der Komplementbildung abgeschlossen ist. E sei regulär (X^* ist natürlich selbst regulär); dann kann E in einem endlichen initialen Medwedjwe-Automaten $\underline{A} = [X, Z, \delta, z_0]$ durch $Z_0 \subset Z$ dargestellt werden und $\overline{E}$ wird dann natürlich in $\underline{A}$ durch $Z - Z_0$ dargestellt – also ist $\overline{E}$ selbst regulär. ■

Zum Abschluß soll noch ein Beispiel (vgl. *Gluschkow* (1963)) behandelt werden.

Beispiel 1: Sei $X = \{x, y\}$; K sei ein System von zwei regulären Ausdrücken:

$$R = \{x\}\,\{y\}^*\,\{x\} \wedge S = (\{x\}\,\{x\}) \cup (\{y\}^*\,\{x\}\,\{y\}^*).$$

Nach der Indizierung erhält man:

$$R' = \{x_1\}\,\{y_2\}^*\,\{x_3\} \wedge S' = (\{x_4\}\,\{x_5\}) \cup (\{y_6\}^*\,\{x_7\}\,\{y_8\}^*).$$

Zu konstruieren ist der Automat $\underline{A} = [X, Z, \delta, z_0]$; mit $\delta(z_0, x) = z_1$ und $\delta(z_0, y) = z_2$ wird offenbar

$$z_1 = \{x_1, x_4, x_7\} \quad \text{und} \quad z_2 = \{y_6\}$$

(mit der nach Vorschrift durchgeführten Indizierung). Weiter erhält man

$$\delta(z_1, x) = z_3,\ \delta(z_1, y) = z_4,\ \delta(z_2, x) = z_5,\ \delta(z_2, y) = z_2$$

mit

$$z_3 = \{x_3, x_5\},\ z_4 = \{y_2, y_8\},\ z_5 = \{x_7\};$$
$$\delta(z_3, x) = z_6,\ \delta(z_3, y) = z_6,\ \delta(z_4, x) = z_7,\ \delta(z_4, y) = z_4,$$
$$\delta(z_5, x) = z_6,\ \delta(z_5, y) = z_8$$

mit

$$z_6 = \emptyset,\ z_7 = \{x_3\},\ z_8 = \{y_8\}$$
$$\delta(z_6, x) = z_6,\ \delta(z_6, y) = z_6,\ \delta(z_7, x) = z_6,\ \delta(z_7, y) = z_6,$$
$$\delta(z_8, x) = z_6,\ \delta(z_8, y) = z_8.$$

Damit sind δ und Z (mit $|Z| = 9$[1])) vollständig gegeben. Das durch R beschriebene Ereignis wird in $\underline{S}$ von $\{z_3, z_7\}$ dargestellt und das durch S beschriebene Ereignis wird in $\underline{A}$ durch $\{z_1, z_3, z_4, z_5, z_8\}$ dargestellt.

---

[1]) Man sieht hier auch, daß die Abschätzung für $|Z|$ recht „grob" ist – hier ist ja $d(x) = 8$.

Die hier angegebene Darstellung folgt – wie schon erwähnt – z. T. *Gluschkow* (1963); die Überlegungen gehen zum großen Teil original auf ihn zurück. Bei *Starke* (1969) findet man eine ausführlichere Darstellung dieses Problemkreises; dort wird auch der Begriff des Terms verwendet und dabei die zur Vorbereitung dieses Weges wichtigen Sätze von *Myhill* und *Nerode* bewiesen. Man vergleiche auch – insbesondere für einige grundsätzliche Bemerkungen – die Darstellung von *Deussen* (1971).

4. Über Automaten mit speziellen Überführungs- und Ergebnisfunktionen

In diesem Kapitel werden u.a. Automaten behandelt, deren Speicherkapazität – entspricht dem Gedächtnis bei speziellen stochastischen Automaten, nämlich den Kanälen der Informationstheorie (vgl. *Henze/Homuth* (1974)) – zeitlich („taktweise") beschränkt ist, d.h. Automaten, deren Ausgabebuchstabe zur Zeit $t + k$ ($k \geqslant 1$) nicht mehr vom Eingabebuchstaben zur Zeit t abhängt. Man nennt Automaten mit einer solchen Eigenschaft „stabil" – sie müssen also Überführungs- und Ergebnisfunktionen mit bestimmten Eigenschaften besitzen. Außer stabilen werden auch definite Automaten betrachtet, bei denen „nur" an die Überführungsfunktion gewisse Bedingungen gestellt werden. Zum Schluß des Kapitels werden die Begriffsbildungen dann noch auf Wortfunktionen und damit auf Ereignisse übertragen. Die Darstellung hier schließt sich im wesentlichen recht eng an die von *Starke* (1969) an; zugleich lassen sich die hier behandelten Dinge zusammen mit den schon früher eingeführten Zusammenhangsbegriffen als erste Schritte in Richtung einer Zustandsklassifikation bei (determinierten) Automaten deuten. Über den Zusammenhang dieser Dinge mit der Theorie der formalen Sprachen vergleiche man auch *Steinby* (1969).

Wird also ein stabiler oder sogar definiter Automat im Takt t falsch bedient oder „macht er dort selbst einen Fehler", so hat dieser Fehler nach einer gewissen Anzahl von Takten keine Auswirkung mehr. Automaten mit dieser Eigenschaft finden Anwendungen in der Codierungstheorie (bei der Realisierung von Codes – speziell Linearcodes); man nennt sie daher selbstkorrigierende Automaten.

Definition 1: $\underline{A} = [X, Y, Z, \delta, \lambda]$ *sei ein Automat; es sei* $z \in Z$ *und* $k \in \mathbb{N}$.

a) $\underline{A}$ *heißt schwach-k-stabil über* z *genau dann, wenn gilt:*

$$\bigwedge_{p \in X^*, x \in X} \; \bigwedge_{\substack{r \in X^* \\ l(r) = k-1}} (\lambda(\delta(z, pr), x) = \lambda(\delta(z, r), x)).$$

b) $\underline{A}$ *heißt schwach-k-stabil genau dann, wenn* $\underline{A}$ *schwach-k-stabil für alle* $z \in Z$ *ist.*

c) $\underline{A}$ *heißt k-stabil (über z) genau dann, wenn* $\underline{A}$ *schwach-k-stabil (über z) und – falls nicht* $k = 1$ *ist –* $\underline{A}$ *nicht schwach-(k-1)-stabil (über z) ist.*

(Man benutzt auch ggf. die Sprechweise: $\underline{A}$ stabil (über z) genau dann, wenn ein $k \in \mathbb{N}$ existiert mit: $\underline{A}$ k-stabil (über z).)

Der folgende Satz stellt einige einfache Zusammenhänge mit schon früher definierten Eigenschaften von Automaten her.

Satz 1: *Gegeben seien die Automaten* $\underline{A} = [X, Y, Z, \delta, \lambda]$ *und* $\underline{A}' = [X, Y, Z', \delta', \lambda']$; *es seien* $z \in Z$, $z' \in Z'$. *Dann gilt (in knapper Formulierung):*

1. $z \sim z' \Rightarrow$ ($\underline{A}$ *(schwach-)k-stabil über* $z \Longleftrightarrow \underline{A}'$ *(schwach-)k-stabil über* z')
2. $\underline{A} \sim \underline{A}' \Rightarrow$ ($\underline{A}$ *stabil* $\Longleftrightarrow \underline{A}'$ *stabil)*
3. $\underline{A}$ *stabil* $\Rightarrow$ *alle homomorphen Bilder von* $\underline{A}$ *sind stabil*
4. $\underline{A}$ *schwach-k-stabil über* $z \Rightarrow \underline{A}$ *schwach-(k+n)-stabil über* z $\forall n \in \mathbb{N}$
5. $\underline{A}$ *schwach-k-stabil über* $z \Longleftrightarrow$

$$\bigwedge_{p \in X^*, x \in X} \; \bigwedge_{\substack{r \in X^* \\ l(r) \geqslant k-1}} (\lambda(\delta(z, pr), x) = \lambda(\delta(z, r), x))$$

6. $\underline{A}$ *schwach-k-stabil über* $z \Longleftrightarrow \underline{A}$ *schwach-k-stabil über* $\delta(z, p) \in Z$, $p \in X^*$
7. $\underline{A}$ *zusammenhängend vom Zustand* $z \Rightarrow$ ($\underline{A}$ *schwach-k-stabil über* $z \Longleftrightarrow \underline{A}$ *schwach-k-stabil)*
8. $\underline{A}$ *stark-zusammenhängend und schwach-k-stabil über* $z \Rightarrow \underline{A}$ *schwach-k-stabil.*

Beweis:

1., 2. $z \sim z' \Rightarrow \delta(z, pr) \sim \delta'(z', pr) \wedge \delta(z, r) \sim \delta'(z', r)$.

Aus diesen Zusammenhängen folgen sofort die beiden Behauptungen.

3. $\underline{A}$ sei schwach-k-stabil über z und $\chi = (f, g, h)$ sei ein Homomorphismus von $\underline{A}$ auf $\underline{A}' = [X', Y', Z', \delta', \lambda']$. Für $p, r \in X^*, x \in X$ $(l(r) = k - 1)$ gilt:

$$\lambda(\delta(z, pr), x) = \lambda(\delta(z, r), x) \Rightarrow g(\lambda(\delta(z, pr), x)) = g(\lambda(\delta(z, r), x)).$$

Daraus folgt wegen der Verträglichkeitsbedingungen

$$\lambda'(\delta'(h(z), f(pr)), f(x)) = \lambda'(\delta'(h(z), f(r)), f(x))$$
$$\Rightarrow \lambda'(\delta'(h(z), p'r'), x') = \lambda'(\delta'(h(z), r'), x') \quad \forall p', r' \in X'^*, x' \in X' \quad (l(r') = k - 1)$$

(„$\forall$" wegen der Längeninvarianz; es gibt ja zu jedem p', r', x' wenigstens ein Urbild). D. h. $\underline{A}'$ ist schwach-k-stabil über $h(z) = z'$ und daraus folgt bei Verwendung von Definition 1 die Behauptung 3.

4., 5. $\underline{A}$ sei schwach-k-stabil über z, daraus folgt für alle $p, r, u \in X^*, x \in X$ mit $l(r) = k - 1$ und $l(u) = n$

$$\lambda(\delta(z, pur), x) = \lambda(\delta(z, r), x) = \lambda(\delta(z, ur), x),$$

d. h.: $\underline{A}$ ist schwach-(k+n)-stabil über z. Die andere Richtung von Behauptung 5 ist trivial.

6. Sei $p \in X^*$, dann folgt für alle $u, r \in X^*, x \in X$ mit $l(r) = k - 1$

$$\lambda(\delta(\delta(z, p), ur), x) = \lambda(\delta(z, pur), x)$$
$$= \lambda(\delta(z, r), x) = \lambda(\delta(z, pr), x) = \lambda(\delta(\delta(z, p), r), x),$$

also: $\underline{A}$ ist schwach-k-stabil über $\delta(z, p)$. Die andere Richtung ist wieder trivial $(p = e)$.

7., 8. folgen direkt aus 6. ■

Bemerkung 1: $\underline{A}$ sei ein Automat, es sei $Z_0 \subset Z$.

$$\hat{Z}_0 = \{\delta(z, p) \mid z \in Z_0 \wedge p \in X^*\}$$

ist die Menge aller von Zuständen aus Z_0 erreichbaren Zustände.

Für sie gilt sogar (falls $|Z|$ endlich ist)

$$\hat{Z}_0 = \{\delta(z, p) \mid z \in Z_0 \wedge p \in X^* \text{ mit } l(p) \leqslant |Z| - 1\}$$

Beweis: Sei $n \geqslant |Z|$, $p = x_1 x_2 \dots x_n \in X^*$. Man betrachtet die Zustände

$$\delta(z_1, x_1 x_2 \dots x_i) = z_{1+i} \text{ für } i = 0, 1, 2, \dots, n; \; z_1 \in Z_0;$$

diese $n + 1$ Zustände z_i können nicht alle verschieden sein, denn es ist ja $|Z| \leqslant n$.

$$\Rightarrow \exists\; k, j \text{ mit } \delta(z_1, x_1 \dots x_k) = z_{1+k} = z_{1+j} = \delta(z_1, x_1 \dots x_j).$$

Da $0 \leqslant k < j \leqslant n$ gewählt werden kann, gilt auch

$$\delta(z_1, x_1 \dots x_n) = \delta(z_1, x_1 \dots x_k x_{j+1} \dots x_n) \in \hat{Z}_0,$$

ggf. setzt man dieses Verfahren fort und erhält damit die Behauptung.

Falls $Z_0 = \{z_0\}$ eine Einermenge ist, benutzt man auch die Bezeichnung

$$\hat{Z}_0 = \{\hat{z}_0\} = \{\delta(z_0, p) \mid p \in X^*\}. \;\blacksquare$$

Der nächste Satz ist ein Stabilitätskriterium.

Satz 2: $\underline{A} = [X, Y, Z, \delta, \lambda]$ *sei ein Automat; es sei* $z_0 \in Z$ $(Z_0 = \{z_0\})$. *Es gilt:*

1. $\underline{A}$ *ist schwach-k-stabil über* z_0 *genau dann, wenn für alle* $r \in X^*$, $x \in X$ *mit* $l(r) = k - 1$ *und alle* $z \in \hat{Z}_0$ *gilt*

   $$\lambda(\delta(z, r), x) = \lambda(\delta(z_0, r), x)$$

2. $\underline{A}$ *ist schwach-k-stabil über* z_0 *genau dann, wenn für alle* $r \in X^*$, $x \in X$ *mit* $l(r) \geqslant k - 1$ *und alle* $z \in \hat{Z}_0$ *gilt:*

   $$\delta(z_0, r) \sim \delta(z, r)$$

Beweis:

1. ist trivial; sie folgt sofort aus Satz 1, Behauptung 6 (und der Definition 1).
2. Es genügt zu zeigen: $\underline{A}$ schwach-k-stabil über $z_0 \Rightarrow \delta(z_0, r) \sim \delta(z, r)$ (die andere Richtung folgt dann sofort nach 1). Für z_0, z, r wird durch Induktion über $p \in X^*$ gezeigt:

   $$\lambda(\delta(z_0, r), p) = \lambda(\delta(z, r), p) \quad \forall p \in X^*$$

   (das beinhaltet gerade die behauptete Äquivalenz). Der Anfangsschritt $p = e$ ist trivial, man schließt von p auf px:

   $$\lambda(\delta(z, r), px) = \lambda(\delta(z, r), p)\; \lambda(\delta(z, rp), x);$$

wegen $l(rp) \geqslant l(r) \geqslant k-1$ gilt nach 1. und Satz 1, Behauptung 4:

$$\lambda(\delta(z, rp), x) = \lambda(\delta(z_0, rp), x).$$

Verwendet man noch die Induktionsvoraussetzung, so folgt direkt:

$$\lambda(\delta(z, r), px) = \lambda(\delta(z_0, r), px). \blacksquare$$

Außer dem im vorstehenden betrachteten Begriff der Stabilität (der Eigenschaften von Überführungs- und Ergebnisfunktionen verlangt) ist noch ein weiterer Begriff von Interesse: der der Definitheit. Er wird allein durch eine Eigenschaft der Überführungsfunktion gekennzeichnet – diese Forderung ist hier stärker als die der Stabilität.

Definition 2: *Gegeben sei der Automat* $\underline{A} = [X, Y, Z, \delta, \lambda]$; *es sei* $z \in Z$ *und* $k \in \mathbb{N}$.

a) $\underline{A}$ *heißt schwach-k-definit über* z *genau dann, wenn gilt*

$$\bigwedge_{\substack{p, r \in X^* \\ l(r) = k-1}} (\delta(z, pr) = \delta(z, r)).$$

b) $\underline{A}$ *heißt schwach-k-definit genau dann, wenn* $\underline{A}$ *schwach-k-definit über* z *für alle* $z \in Z$ *ist.*

c) $\underline{A}$ *heißt k-definit (über* z*) genau dann, wenn* $\underline{A}$ *schwach-k-definit (über* z*) ist und – falls nicht* $k = 1$ – $\underline{A}$ *nicht schwach-(k-1)-definit (über* z*) ist.*

Man benutzt auch hier wieder ggf. die Sprechweise:

$\underline{A}$ definit (über z) genau dann, wenn ein $k \in \mathbb{N}$ existiert mit: $\underline{A}$ k-definit (über z).

Bemerkung 2: Mit den schon früher eingeführten Begriffen bestehen offenbar folgende Zusammenhänge:

1. $\underline{A}$ schwach-k-definit (über z) $\Rightarrow$ $\underline{A}$ schwach-k-stabil (über z).
2. Jeder definite Automat ist stabil.
3. $\underline{A}$ sei reduziert; dann gilt: $\underline{A}$ stabil $\Longleftrightarrow$ $\underline{A}$ definit.

   Die eine Richtung ist nach 2. trivial – die andere folgt sofort bei Verwendung der wesentlichen Eigenschaft des reduzierten Automaten, der Definition 1 und der induktiven Definition von δ und λ, angewandt auf Wörter.
4. $\underline{A}$ schwach-k-definit über z $\Longleftrightarrow$ $\underline{A}$ schwach-k-definit über jedem Zustand $z' \in \{\hat{z}\} = \{\delta(z, p) \mid p \in X^*\}$.

   Die Behauptung folgt sofort entsprechend Satz 1, Behauptung 6.
5. $\underline{A}$ schwach-k-definit über z $\Longleftrightarrow$

$$\bigwedge_{\substack{r \in X^* \\ l(r) = k-1}} \bigwedge_{z', z'' \in \{\hat{z}\}} (\delta(z', r) = \delta(z'', r))$$

   Die Behauptung ist unmittelbar nachprüfbar ($p', p'' \in X^*$):

$$\delta(z, r) = \delta(z, p'r) = \delta(z, p''r)$$
$$\Longleftrightarrow \delta(\delta(z, p'), r) = \delta(\delta(z, p''), r)$$
$$\Longleftrightarrow \delta(z', r) = \delta(z'', r).$$

6. $\underline{A}$ sei zusammenhängend vom Zustand z:
$\underline{A}$ schwach-k-definit $\iff$ $\underline{A}$ schwach-k-definit über z.
Die eine Richtung ist trivial, die andere folgt sofort aus 4. (es ist ja $\{\hat{z}\} = Z$). ■

Für die Begriffe „definit" bzw. „stabil" gilt der zentrale

Satz 3: *(Perles/Rabin/Shamir (1963)) Gegeben sei der Automat* $\underline{A} = [X, Y, Z, \delta, \lambda]$ *und* $Z_0 = \{z_0\} \subset Z$; *man bezeichnet wieder*

$$\{\hat{z}_0\} = \{\delta(z_0, p) \mid p \in X^*\} = \hat{Z}_0.$$

1. $\underline{A}$ *sei k-definit über* z_0 *oder (auch nur) k-stabil über* z_0. *Dann gilt:*

$$|Z| \geqslant |\hat{Z}_0| \geqslant k.$$

2. *Sei* $|\hat{Z}_0| = n$ *und* $\underline{A}$ *sei definit über* z_0 *(bzw. nur stabil über* z_0*). Dann gilt:*
$\underline{A}$ *ist schwach-n-definit über* z_0 *(bzw. schwach-n-stabil über* z_0*).*

Beweis: Die Behauptung 2 folgt sofort aus der Behauptung 1 bei Verwendung von schon früher aufgeschriebenen Eigenschaften. Zunächst wird gezeigt: $|\hat{Z}_0| \geqslant k$, wenn $\underline{A}$ k-definit über z_0 ist. Für $k = 1$ ist das trivial, denn $z_0 \in \hat{Z}_0$. Sei also $k \geqslant 2$. Man konstruiert induktiv eine Folge von Zerlegungen $\{\mathfrak{z}_i\}$ der Menge $\hat{Z}_0$ mit:

$$\mathfrak{z}_1 = \{\{z'\} \mid z' \in \hat{Z}_0\}$$

$\mathfrak{z}_i$ $(i \geqslant 1)$ sei bekannt; $\mathfrak{z}_{i+1}$ sei dann die Zerlegung von $\hat{Z}_0$ mit

a) $$\bigwedge_{z' \in \hat{Z}_0} \; \bigvee_{M^{i+1} \in \mathfrak{z}_{i+1}} (z' \in M^{i+1})$$

b) $$\bigwedge_{z', z'' \in \hat{Z}_0} \left(\bigvee_{M^{i+1} \in \mathfrak{z}_{i+1}} (z', z'' \in M^{i+1}) \iff \bigwedge_{x \in X} \; \bigvee_{M^i \in \mathfrak{z}_i} (\delta(z', x), \delta(z'', x) \in M^i) \right)$$

Diese Zerlegung ist trivialerweise durchführbar, ggf. ist $\mathfrak{z}_i = \mathfrak{z}_1 \;\; \forall i$. Es gilt $(i = 1, 2, \ldots)$:

$$\bigwedge_{z', z'' \in Z_0} \left(\bigvee_{M^i \in \mathfrak{z}_i} (z', z'' \in M^i) \iff \bigwedge_{\substack{p \in X^* \\ l(p) \geqslant i-1}} (\delta(z', p) = \delta(z'', p)) \right).$$

Diese Behauptung wird durch Induktion über i bewiesen. Der Anfangsschritt $i = 1$ ist trivial, denn (speziell auch $p = e$):

$$\bigwedge_{\substack{p \in X^* \\ l(p) \geqslant 0}} (\delta(z', p) = \delta(z'', p)) \iff z' = z''.$$

Man schließt nun von i auf $i + 1$:

$$\bigwedge_{\substack{p \in X^* \\ l(p) \geqslant i}} (\delta(z', p) = \delta(z'', p)) \iff$$

$$\bigwedge_{x \in X} \bigwedge_{\substack{p \in X^* \\ l(p) \geqslant i-1}} (\delta(\delta(z', x), p) = \delta(\delta(z'', x), p)) \Longleftrightarrow \text{(nach Ind.-Vor.)}$$

$$\bigwedge_{x \in X} \bigvee_{M^i \in z_i} (\delta(z', x), \delta(z'', x) \in M^i) \Longleftrightarrow \text{(nach Def.)}$$

$$\bigvee_{M^{i+1} \in z_{i+1}} (z', z'' \in M^{i+1}).$$

Damit ist die Behauptung bewiesen. – Die Zerlegungsfolge hat die nachstehenden Eigenschaften: Die Zerlegung z_{i+1} ist eine Vergröberung der Zerlegung z_i. Offensichtlich gilt:

$$z_i = z_{i+1} \Rightarrow z_i = z_{i+j} \quad \forall j = 1, 2, \dots \quad \text{(wegen b))},$$

d. h. aber: Ist $z_i \neq z_{i+1}$, so folgt

$$z_1 \neq z_2 \neq \dots \neq z_i \neq z_{i+1}.$$

Nun wird die folgende Behauptung gezeigt:

$$\underline{A} \text{ schwach-i-definit über } z_0 \Longleftrightarrow z_i = \{\hat{Z}_0\}$$

Es ist (nach Bemerkung 2, Behauptung 5):

$$\underline{A} \text{ schwach-i-definit über } z_0 \Longleftrightarrow$$

$$\bigwedge_{z', z'' \in \hat{Z}_0} \bigwedge_{\substack{r \in X^* \\ l(r) \geqslant i-1}} (\delta(z', r) = \delta(z'', r)) \Longleftrightarrow$$

$$\bigwedge_{z', z'' \in \hat{Z}_0} \bigvee_{M^i \in z_i} (z', z'' \in M^i),$$

d. h. aber $z_i = \{\hat{Z}_0\}$.

Nun ist $k \geqslant 2$; $\underline{A}$ ist schwach-k-definit über z_0 und $\underline{A}$ ist nicht schwach-(k-1)-definit über z_0

$$\Rightarrow z_{k-1} \neq z_k, \text{ d. h.}$$
$$z_1 \neq z_2 \neq \dots \neq z_{k-1} \neq z_k = z_{k+1}$$

(die Zerlegung läßt sich nicht mehr vergröbern). z_k enthält genau eine Klasse; es ist eine echte Vergröberung von z_{k-1}, z_{k-1} enthält also mindestens zwei Klassen $\Rightarrow z_1$ enthält mindestens k Klassen, d. h. $|\hat{Z}_0| \geqslant k$ (und damit auch $|Z| \geqslant |\hat{Z}_0| \geqslant k$).

Falls nur die „schwächere" Voraussetzung „$\underline{A}$ k-stabil über z_0" gilt, geht man so vor:

$\overline{\underline{A}} = [X, Y, \overline{Z}, \overline{\delta}, \overline{\lambda}]$ sei der Reduzierte von $\underline{A}$, also ein Z-homomorphes Bild von $\underline{A}$. Nach Satz 1, Behauptung 3 und Bemerkung 2, Behauptung 3 ist dann $\overline{\underline{A}}$ k-definit über $\overline{z}_0$. Wegen $|\hat{Z}| \geqslant |\{\hat{\overline{z}}\}| \geqslant k$ ist dann der Satz 3 vollständig bewiesen. ■

Bemerkung 3: Aus Bemerkung 1 und den vorstehenden Ergebnissen folgt offenbar noch: Für endliche Automaten sind Stabilität und Definitheit entscheidbare Eigenschaften. ∎

Beispiel 1: Gegeben sei der Automat $\underline{A} = [\{x\}, \{0, 1\}, \{0, 1, 2, 3\}, \delta, \lambda]$. δ und λ (damit der gesamte Automat) lassen sich durch den folgenden Graphen beschreiben:

$$③ \xrightarrow{x,0} ② \xrightarrow{x,0} ① \xrightarrow{x,0} ⓪ \circlearrowleft \; x, 1$$

$\underline{A}$ ist stabil und definit über z = 3; denn $\underline{A}$ ist schwach-4-definit über 3 (Bemerkung 2, Behauptung 5): Für k, l mit

$$0 \leqslant k, l \leqslant 3$$

gilt:

$$\delta(k, x^m) = 0 = \delta(l, x^m) \quad \forall m \geqslant 3.$$

$\underline{A}$ ist nicht schwach-3-definit über 3:

$$\delta(3, x^2) = 1 \neq 0 = \delta(0, x^2) = \delta(\delta(3, x^3), x^2) = \delta(3, x^5).$$

Also: $\underline{A}$ ist 4-definit über 3 und damit 4-stabil über 3, denn

$$\lambda(\delta(3, x^2), x) = 0 \neq 1 = \lambda(\delta(3, x^5), x)$$

($\underline{A}$ ist nicht schwach-3-stabil über 3).

Etwas allgemeiner läßt sich das so formulieren:

Beispiel 2: Gegeben sei der Automat $\underline{A} = [\{x\}, \{0, 1\}, \{0, 1, 2, \dots, n\}, \delta, \lambda]$ mit

$$\left.\begin{array}{l} \delta(z, x) = z - 1 \\ \lambda(z, x) = 0 \end{array}\right\} \text{ für } z \geqslant 1$$

$$\left.\begin{array}{l} \delta(z, x) = 0 \\ \lambda(z, x) = 1 \end{array}\right\} \text{ für } z = 0$$

$\underline{A}$ ist offenbar (z + 1)-definit und (z + 1)-stabil über dem Zustand z für alle $z \in \{0, 1, 2, \dots, n\}$; d. h. $\underline{A}$ ist (n + 1)-defnit und (n + 1)-stabil.

In den vorstehenden Abschnitten hat sich – knapp aufgeschrieben – ein Zusammenhang ergeben, der sich folgendermaßen charakterisieren läßt:

Automat ≙ Automatenabbildung ≙ Ereignissystem (Automatensystem).

Es liegt nun nahe, zu versuchen, die Begriffe Stabilität und Definitheit auf Automatenabbildungen bzw. Ereignisse zu übertragen. Dabei untersucht man speziell Stabilität von Automatenabbildungen und Definitheit von Ereignissen (globale/ lokale Eigenschaften). Zunächst hat man die naheliegende

Definition 3: *Eine sequentielle Funktion φ über $\langle X, Y \rangle$ heißt (schwach-)k-stabil, falls φ in einem Automaten $\underline{A}$, der über z (schwach-)k-stabil ist, durch z erzeugt werden kann.*

Satz 4: *φ sei eine sequentielle Funktion über $\langle X, Y \rangle$. Dann gilt:*

1. *φ schwach-k-stabil* $\Longleftrightarrow \bigwedge_{\substack{p,r \in X^* \\ l(r)=k-1}} (\varphi_{pr} = \varphi_r)$.
2. *φ (schwach-)k-stabil* $\Longleftrightarrow \underline{A}^\varphi$ *(schwach-)k-definit.*
3. *φ k-stabil* $\Rightarrow k \leqslant |\{\varphi_p \mid p \in X^*\}|$.
4. $2 \leqslant |X| < \infty$, *φ k-stabil* $\Rightarrow |\{\varphi_p \mid p \in X^*\}| \leqslant |X|^k$.

Beweis:

1. φ sei in $\underline{A} = [X, Y, Z, \delta, \lambda]$ durch z erzeugt, dann gilt: φ schwach-k-stabil $\Longleftrightarrow$ A schwach-k-stabil über z, d. h. für alle $p, r \in X^*$, $x \in X$ mit $l(r) = k-1$ gilt

   $\lambda(\delta(z, pr), x) = \lambda(\delta(z, r), x)$;

   nach Satz 3 in Abschnitt 3.2 ist das genau dann der Fall, wenn gilt:

   $$\bigwedge_{\substack{p,r \in X^* \\ l(r)=k-1}} (\varphi_{pr} = \varphi_r).$$

2. φ ist in $\underline{A}^\varphi$ durch $\varphi_e = \varphi$ erzeugt und $\underline{A}^\varphi$ ist zusammenhängend vom Zustand φ_e, d. h. (nach Satz 1, Behauptung 7):

   φ (schwach-)k-stabil $\Longleftrightarrow \underline{A}^\varphi$ (schwach-)k-stabil.

   $\underline{A}^\varphi$ ist reduziert (vgl. Abschnitt 3.2, Bemerkung 2 und Bemerkung 2, Behauptung 3), daraus folgt

   φ (schwach-)k-stabil $\Longleftrightarrow \underline{A}^\varphi$ (schwach-)k-definit.

3. $\{\varphi_p \mid p \in X^*\}$ ist die Menge der von φ aus erreichbaren Zustände des Automaten $\underline{A}^\varphi$; aus Satz 3 folgt also

   $k \leqslant |\{\varphi_p \mid p \in X^*\}|$,

   wenn φ k-stabil ist.

4. Aus Behauptung 1 folgt, daß schon die Wörter $p \in X^*$ mit $l(p) = k-1$ sämtliche Elemente von $Z^\varphi = \{\varphi_p \mid p \in X^*\}$ bestimmen. Daher gilt aber ($|X| \geqslant 2$):

   $$|\{\varphi_p \mid p \in X^*\}| \leqslant 1 + |X| + |X|^2 + \ldots + |X|^{k-1}$$
   $$\Rightarrow |\{\varphi_p \mid p \in X^*\}| \leqslant \frac{|X|^k - 1}{|X| - 1} \leqslant |X|^k$$

   (die letzte Ungleichung ist wegen $|X| \geqslant 2$ sofort elementar zu bestätigen). ■

Bemerkung 4: Falls $|X| = 1$ ist (autonomer Automat), so folgt insbesondere noch – mit den gleichen Überlegungen zum Punkt 4 des Satzes 4:

$$\varphi \text{ k-stabil} \Rightarrow |\{\varphi_p \mid p \in X^*\}| \leqslant k,$$

also – mit Punkt 3:

$$\varphi \text{ k-stabil} \Rightarrow |\{\varphi_p \mid p \in X^*\}| = k. \blacksquare$$

Definition 4: *(Vgl. auch Definition 5 in Abschnitt 3.4).* E *sei ein Ereignis über* X *(es kann hier auch* $e \in E$ *sein).* E *heißt (schwach-)k-definit, wenn es einen initialen (Medwedjew-)Automaten* $\underline{A} = [X, Z, \delta, z_1]$ *gibt, der (schwach-)(k+1)-definit über* z_1 *ist und wenn es eine Menge* $Z_0 \subset Z$ *gibt, so daß* E *in* $\underline{A}$ *durch* Z_0 *dargestellt wird.*

Beispiel 3: Das unmögliche Ereignis $E = \emptyset$ und das sichere Ereignis $E = X^*$ sind offenbar schwach-k-definit für alle $k = 0, 1, 2, \ldots$. Man sagt dann: Sie sind 0-definit. 0-definite Ereignisse sind insbesondere schwach-0-definit, d. h. es gibt einen über z_1 schwach-1-definiten Automaten $\underline{A} = [X, Z, \delta, z_1]$ und eine Menge $Z_0 \subset Z$, so daß E in $\underline{A}$ durch Z_0 dargestellt wird.

Für einen über z_1 schwach-1-definiten Automaten muß gelten

$$\delta(z_1, pe) = \delta(z_1, e) = z_1 \text{ für alle } p \in X^*.$$

Solch ein Automat kann nur $E = \emptyset$ und $E = X^*$ darstellen. Gilt nämlich $z_1 \in Z_0$, so muß $p \in E$ für alle $p \in X^*$, also $E = X^*$ sein. Ist aber $z_1 \notin Z_0$, so ist $p \notin E$ für alle $p \in X^*$, also $E = \emptyset$.

$E = \emptyset$ wird z. B. in $\underline{A} = [X, \{z_1\}, \delta, z_1]$ durch $Z_0 = \emptyset$ und $E = X^*$ in $\underline{A}$ durch $Z_0 = \{z_1\} = Z$ dargestellt.

Alle übrigen Ereignisse sind für höchstens ein k mit $k > 0$ definit. Ein Ereignis E kann für verschiedene $k > 0$ schwach-k-definit sein. Z. B. wird das Ereignis $E = \{e\}$ im Automaten $\underline{A}$ aus Beispiel 2 mit $n > 0$ und dem Initialzustand n durch $Z_0 = \{n\}$ dargestellt (bei $\underline{A}$ wird hier die Ausgabe natürlich nicht berücksichtigt). E ist demnach schwach-k-definit für alle natürlichen Zahlen k.

Man erhält noch das folgende Kriterium:

Satz 5: *Sei* E *ein Ereignis über* X; *sei* $k \in \mathbb{N} + \{0\}$. *Dann gilt:*

$$E \text{ \textit{schwach-k-definit}} \Longleftrightarrow E = E' + X^*E''$$

mit

$$E' = \{p \mid p \in E \wedge l(p) < k\}$$
$$E'' = \{p \mid p \in E \wedge l(p) = k\}.$$

Beweis: E sei schwach-k-definit, dann existiert ein Automat $\underline{A} = [X, Z, \delta, z_1]$ und ein $Z_0 \subset Z$, der schwach-(k+1)-definit über z_1 ist und für den gilt

$$p \in E \Longleftrightarrow \delta(z_1, p) \in Z_0.$$

Sei $pr \in X^*$, $l(r) = k$, dann folgt $\delta(z_1, pr) = \delta(z_1, r)$, d. h.

$$pr \in E \Longleftrightarrow \delta(z_1, pr) \in Z_0 \Longleftrightarrow r \in E$$

$$\Rightarrow E = E' + X^*E''$$

Nun sei die Darstellung $E = E' + X^*E''$ möglich. Man betrachtet den Automaten $\underline{\widetilde{A}} = [X, \widetilde{Z}, \widetilde{\delta}, e]$ mit

$$\widetilde{Z} = \{p \mid p \in X^* \wedge l(p) \leqslant k\}.$$

$$\widetilde{\delta}(p, x) = \begin{cases} px & \text{, falls } l(p) < k \wedge k \geqslant 1 \\ e & \text{, falls } p = e \wedge k = 0 \\ x_2 \ldots x_k x & \text{, falls } p = x_1 \ldots x_k,\ l(p) = k \geqslant 1 \end{cases}$$

(falls $k = 0$ ist, ist also $\widetilde{Z} = \{e\}$). Es ist $\widetilde{Z}_0 = E' + E'' \subset \widetilde{Z}$; E wird in $\underline{\widetilde{A}} = [X, \widetilde{Z}, \widetilde{\delta}, e]$ durch $\widetilde{Z}_0$ dargestellt. $\underline{\widetilde{A}}$ ist schwach-(k+1)-definit über e; denn für alle $pr \in X^*$ mit $l(r) = k$ gilt

$$\widetilde{\delta}(e, pr) = r = \widetilde{\delta}(e, r)$$

d. h. aber: E ist schwach-k-definit. ■

Bemerkung 4: Aus dem vorstehenden Satz folgt noch: Sei $|E| < \infty$. Dann existiert ein $k \in \mathbb{N}$ mit $k = \max_{p \in E} l(p) + 1$. Man bildet dann wieder $\widetilde{Z}$; dabei ist $E \subset \widetilde{Z}$ und es gilt: E wird in $\underline{\widetilde{A}}$ durch $\widetilde{Z}_0$ dargestellt. Also: E ist schwach-k-definit. ■

Satz 6: *Gegeben sei der Automat* $\underline{A} = [X, Y, Z, \delta, \lambda]$. *Dann gilt:* $\underline{A}$ *ist schwach-k-stabil über* $z \in Z$ *genau dann, wenn jedes in dem initialen Automaten* $\underline{A}^{(z)} = [X, Y, Z, \lambda, z]$ *durch einen Ausgabebuchstaben* $y \in Y$ *darstellbare Ereignis* E_y^z *schwach-k-definit ist.*

Beweis: $\underline{A}$ schwach-k-stabil über z $\Longleftrightarrow$

$$\bigwedge_{\substack{p,r \in X^* \\ l(r) = k-1}} \ \bigwedge_{x \in X} (\lambda(\delta(z, pr), x) = \lambda(\delta(z, r), x)) \Longleftrightarrow$$

$$\bigwedge_{\substack{p,r \in X^* \\ l(r) = k-1}} \ \bigwedge_{x \in X} \ \bigwedge_{y \in Y} (\lambda(\delta(z, pr), x) = y \Longleftrightarrow \lambda(\delta(z, r), x) = y) \Longleftrightarrow$$

$$\bigwedge_{\substack{p,r \in X^* \\ l(r) = k-1}} \ \bigwedge_{x \in X} \ \bigwedge_{y \in Y} (prx \in E_y^z \Longleftrightarrow rx \in E_y^z) \Longleftrightarrow$$

$$\bigwedge_{y \in Y} \ \bigwedge_{\substack{p,r \in X^* \\ l(r) = k}} (pr \in E_y^z \Longleftrightarrow r \in E_y^z).$$

Das ist nach Satz 5 äquivalent mit der Aussage: Für alle $y \in Y$ ist das durch den Ausgabebuchstaben $y \in Y$ in $\underline{A}^{(z)}$ dargestellte Ereignis E_y^z schwach-k-definit; denn E_y^z läßt sich dann entsprechend darstellen. ■

Weitere Dinge zu diesem Problemkreis findet man in der Originalliteratur.

5. Lineare Automaten

In diesem Kapitel werden spezielle algebraische Automaten (Definition 1 von Abschnitt 1.4) behandelt: die sogenannten linearen Automaten. Sie sind bereits im Abschnitt 1.4 eingeführt und auch ein Beispiel ist dort angegeben worden. Lineare Automaten finden Anwendung in der Theorie der linearen Schaltwerke (bzw. sie sind von diesen Anwendungen her begründet); auf Anwendungen der linearen Automaten soll allerdings in dieser Darstellung nicht eingegangen werden – man vgl. dazu z. B. *Reusch* (1969). Diese Darstellung beschränkt sich im wesentlichen auf die Grundlagen und auf das Problem der Reduktion linearer Automaten.

Gegeben sei also eine Primzahl π; X, Y, Z seien lineare Räume (arithmetische Vektorräume) mit (i.a. verschiedener) endlicher Dimension über dem Körper $K = GF(\pi)$ oder auch $GF(\pi^m)$. Nach der oben genannten Definition 1 heißt das 5-Tupel $\underline{A} = [X, Y, Z, \delta, \lambda]$ genau dann linearer Automat, wenn gilt

$$\delta(\mathbf{z}, \mathbf{x}) = A\mathbf{z} + B\mathbf{x} = \mathbf{z}'$$
$$\lambda(\mathbf{z}, \mathbf{x}) = C\mathbf{z} + D\mathbf{x} = \mathbf{y}.$$

Dabei sind $\mathbf{x}, \mathbf{y}, \mathbf{z}, \mathbf{z}'$ Vektoren[1]) aus den entsprechenden linearen Räumen und A, B, C, D sind die sogenannten charakterisierenden Matrizen[1]) passender Spalten- bzw. Zeilenzahl; die Matrix A allein heißt charakteristische Matrix des Automaten $\underline{A}$. Die Dimensionen von X, Y, Z lassen sich auch an den Matrizen A, B, C, D ablesen – daher bezeichnet man einen linearen Automaten auch einfach mit

$$\underline{A} = [A, B, C, D].$$

Die Arbeitsweise dieses Automaten ist wie die des allgemeinen Falles (Anwendung: Schaltwerk): Sie ist diskret, d. h. in jedem (Arbeits-)Takt wird ein Eingabevektor x eingegeben, ein Zustandsübergang von $\mathbf{z}$ nach $\mathbf{z}'$ findet statt und ein Vektor $\mathbf{y}$ wird ausgegeben. Wörter werden z. B. folgendermaßen bezeichnet:

$$\mathbf{p} = \mathbf{x}_1\mathbf{x}_2 \ldots \mathbf{x}_n \in X^n \qquad \text{(nebeneinander geschriebene Eingabevektoren).}$$

Das Ziel dieses Kapitels ist die Anwendung und ggf. Vertiefung von Teilen der vorhergehenden Abschnitte auf diesen speziellen Automatentyp.

5.1. Allgemeines

Zunächst soll wieder der Definitionsbereich von δ und λ auf Wörter erweitert werden:

$$\delta : Z \times X^* \to Z$$
$$\lambda : Z \times X^* \to Y^*.$$

Das geschieht in der üblichen Weise; man führt dazu außerdem noch den Begriff der Antwortfunktion ein (der bisher nicht diese wichtige Rolle spielte).

---

1) Die Transposition von Vektoren und Matrizen wird ggf. durch ein hochgestelltes T bezeichnet.

Definition 1: *Gegeben sei das Wort* $p = x_1 x_2 \ldots x_n \in X^n$. *Als Antwort des Automaten* $\underline{A}$ *auf die Eingabe* p *bezeichnet man den letzten Buchstaben des zu* p *gehörenden Ausgabewortes:*

$$\hat{\lambda}(z, p) = \lambda(\delta(z, x_1 \ldots x_{n-1}), x_n)$$

Diese Begriffsbildung – $\hat{\lambda}$ als Antwortfunktion – ist hier zweckmäßig, denn bei wesentlichen Anwendungen ist nämlich genau das von Interesse. Man vergleiche auch die Betrachtungen über Ereignisse und die entsprechenden Begriffsbildungen aus der Lerntheorie („Erfolg einer Belehrung").

Damit gilt der

Satz 1: $\underline{A} = [A, B, C, D]$ *sei ein (linearer) Automat; es sei* $p = x_0 x_1 \ldots x_{n-1} \in X^*$. *Dann gilt für alle* $z \in Z$:

1. $\delta(z, p) = A^n z + \sum_{i=0}^{n-1} A^{n-i-1} B x_i$

2. $\hat{\lambda}(z, p) = CA^{n-1} z + \sum_{i=0}^{n-2} CA^{n-i-2} B x_i + D x_{n-1}$

Beweis:

1. Durch Induktion erhält man:
   $\delta(z, x_0) = Az + Bx_0$ für $n = 1$

   Schluß von n auf n + 1:

$$\delta(z, x_0 \ldots x_{n-1} x_n) = \delta(\delta(z, x_0 \ldots x_{n-1}), x_n)$$

$$= A(A^n z + \sum_{i=0}^{n-1} A^{n-i-1} B x_i) + B x_n$$

$$= A^{n+1} z + \sum_{i=0}^{n-1} A^{n-i} B x_i + B x_n$$

$$= A^{n+1} z + \sum_{i=0}^{n} A^{n-i} B x_i$$

2. Durch Einsetzen und Verwendung von 1. erhält man:

$$\hat{\lambda}(z, x_0 \ldots x_{n-1}) = \lambda(\delta(z, x_0 \ldots x_{n-2}), x_{n-1})$$

$$\hat{\lambda}(z, p) = C(A^{n-1} z + \sum_{i=0}^{n-2} A^{n-i-1} B x_i) + D x_{n-1}$$

$$= CA^{n-1} z + \sum_{i=0}^{n-2} CA^{n-i-2} B x_i + D x_{n-1} \quad \blacksquare$$

Die Formel 1 bleibt formal auch richtig für $\mathbf{p} = e$ (also $n = 0$), die Formel 2 wird natürlich wieder ergänzt durch

$$\hat{\lambda}(\mathbf{z}, \mathbf{p}) = e \text{ für } \mathbf{p} = e$$

Die Gleichung 2 heißt allgemeine Antwortformel. Man erklärt in der

Definition 2: *Man nennt*

$$CA^{n-1}\mathbf{z} = \hat{\lambda}(\mathbf{z}, \mathbf{x}_0 \ldots \mathbf{x}_{n-1})/_{\text{frei}}$$

freie Antwort (entspricht $\mathbf{x}_i = \mathbf{0}$; $0 \leqslant i \leqslant n-1$).

Man nennt

$$\sum_{i=0}^{n-2} CA^{n-i-2}B\mathbf{x}_i + D\mathbf{x}_{n-1} = \hat{\lambda}(\mathbf{z}, \mathbf{x}_0 \ldots \mathbf{x}_{n-1})/_{\text{erzw}}$$

erzwungene Antwort (entspricht $\mathbf{z} = \mathbf{0}$*).*

Die anschauliche Bedeutung dieser Begriffe ist offensichtlich – man vergleiche auch die entsprechenden Begriffsbildungen in der Theorie der Differentialgleichungen.

Bemerkung 1: Hier sollen einige meist sehr leicht zu sehende und für die späteren Überlegungen nützliche Eigenschaften der Funktionen δ, λ und $\hat{\lambda}$ aufgeschrieben werden.

Sei $\mathbf{z}, \mathbf{z}' \in Z$; $\mathbf{p}, \mathbf{p}' \in X^*$, $\mathbf{p} = \mathbf{x}_0 \ldots \mathbf{x}_{n-1}$, $\mathbf{p}' = \mathbf{x}'_0 \ldots \mathbf{x}'_{n-1}$ ($l(\mathbf{p}) = l(\mathbf{p}') = n$); $c \in GF(\pi)$. Es gilt:

1. $\delta(\mathbf{z} + c\mathbf{z}', \mathbf{p}) = \delta(\mathbf{z}, \mathbf{p}) + c\delta(\mathbf{z}', \mathbf{0}^{l(\mathbf{p})})$.

Beweis: Mit $\overline{\mathbf{z}} = \mathbf{z} + c\mathbf{z}'$ folgt aus Satz 1:

$$\begin{aligned}
\delta(\overline{\mathbf{z}}, \mathbf{p}) &= A^n\overline{\mathbf{z}} + \sum_{i=0}^{n-1} A^{n-i-1}B\mathbf{x}_i \\
&= A^n\mathbf{z} + cA^n\mathbf{z}' + \sum_{i=0}^{n-1} A^{n-i-1}B\mathbf{x}_i + c\sum_{i=0}^{n-1} A^{n-i-1}B\mathbf{0} \\
&= (A^n\mathbf{z} + \sum_{i=0}^{n-1} A^{n-i-1}B\mathbf{x}_i) + c(A^n\mathbf{z}' + \sum_{i=0}^{n-1} A^{n-i-1}B\mathbf{0}) \\
&= \delta(\mathbf{z}, \mathbf{p}) + c\delta(\mathbf{z}', \mathbf{0}^n).
\end{aligned}$$

2. $\hat{\lambda}(\mathbf{z} + c\mathbf{z}', \mathbf{p}) = \hat{\lambda}(\mathbf{z}, \mathbf{p}) + c\hat{\lambda}(\mathbf{z}', \mathbf{0}^n)$.

Beweis:

$$\hat{\lambda}(\bar{z}, p) = CA^n \bar{z} + \sum_{i=0}^{n-2} CA^{n-i-2} Bx_i + Dx_{n-1}$$

$$= (CA^n z + \sum_{i=0}^{n-2} CA^{n-i-2} Bx_i + Dx_{n-1})$$

$$+ c(CA^n z' + \sum_{i=0}^{n-2} CA^{n-i-2} B0 + D0)$$

$$= \hat{\lambda}(z, p) + c\hat{\lambda}(z', 0^n).$$

3. $\lambda(z + cz', p) = \lambda(z, p) + c\lambda(z', 0^n)$.

Beweis: Die Behauptung folgt aus 2 und der (induktiven) Definition von λ.

4. $\delta(z, p) = \delta(z, 0^n) + \delta(0, p)$.
5. $\hat{\lambda}(z, p) = \hat{\lambda}(z, 0^n) + \hat{\lambda}(0, p)$.
6. $\lambda(z, p) = \lambda(z, 0^n) + \lambda(0, p)$.

Beweis zu 4, 5, 6: Die Behauptungen folgen aus 1, 2, 3 mit $z = 0 + 1z$.

7. $\delta(z, p) = \delta(z, p') \iff \delta(0, p) = \delta(0, p')$.

Beweis: Die Behauptung folgt sofort aus 4 wegen $l(p) = l(p') = n$.

8. $\hat{\lambda}(z, p) = \hat{\lambda}(z, p') \iff \hat{\lambda}(0, p) = \hat{\lambda}(0, p')$.
9. $\lambda(z, p) = \lambda(z, p') \iff \lambda(0, p) = \lambda(0, p')$.

Beweis zu 8, 9: Die Behauptungen folgen sofort aus 5 und 6.

10. $\delta(z, p) = \delta(z', p) \iff \delta(z, 0^n) = \delta(z', 0^n)$.
11. $\hat{\lambda}(z, p) = \hat{\lambda}(z', p) \iff \hat{\lambda}(z, 0^n) = \hat{\lambda}(z', 0^n)$.
12. $\lambda(z, p) = \lambda(z', p) \iff \lambda(z, 0^n) = \lambda(z', 0^n)$.

Beweis zu 10, 11, 12: Die Behauptungen folgen sofort aus 4, 5, und 6. ∎

Im folgenden werden nun Z-Homomorphismen $\chi = (\epsilon_X, \epsilon_Y, h)$ (ggf. auch Z-Isomorphismen) eines Automaten $\underline{A}$ auf einen Automaten $\underline{A}'$ betrachtet. Zu jedem Automaten gibt es nach Abschnitt 2.3 Satz 2 bis auf Z-Isomorphie genau einen Reduzierten $\overline{\underline{A}}$ (es ist dann $\underline{A} \sim \overline{\underline{A}}$); d. h. jetzt speziell: In der Menge aller zu einem linearen Automaten $\underline{A}$ äquivalenten Automaten gibt es bis auf Z-Isomorphie genau einen reduzierten Automaten, nämlich den Reduzierten[1)] $\overline{\underline{A}}$ von $\underline{A}$.

$\overline{\underline{A}}$ muß von vornherein nicht linear sein; daher ergibt sich natürlich die Frage, ob man stets auf einen linearen Automaten „reduzieren" kann. Dieser Problemkreis wird im

---

1) Man beachte die Interpretationen von Abschnitt 2.3.

Abschnitt 5.2 behandelt; zur Vorbereitung wird hier noch der wichtige Begriff der Ähnlichkeit von linearen Automaten behandelt.

Definition 2: $\underline{A} = [A, B, C, D]$ *und* $\underline{A}' = [A', B', C', D']$ *seien lineare Automaten über demselben Körper.* $\underline{A}$ *und* $\underline{A}'$ *heißen ähnlich genau dann, wenn gilt: Es existiert eine Matrix P mit* $\det(P) \neq 0$ *und*

$$A' = PAP^{-1},\ B' = PB,\ C' = CP^{-1},\ D' = D$$

(P heißt Ähnlichkeitsmatrix[1])).

Damit gilt der

Satz 2: *Ähnliche lineare Automaten sind Z-isomorph- und Z-isomorphe Automaten sind äquivalent.*

Beweis: $[A, B, C, D]$ und $[A', B', C', D']$ seien ähnlich, P sei die zugehörige Ähnlichkeitsmatrix.

Man zeigt: Die Abbildung $h: Z \to Z'$ mit $\mathbf{z}' = h(\mathbf{z}) = P\mathbf{z}$ bestimmt einen Z-Isomorphismus von $\underline{A}$ auf $\underline{A}'$. Es ist ja

$$\begin{aligned} \delta'(h(\mathbf{z}), \mathbf{x}) &= A'h(\mathbf{z}) + B'\mathbf{x} = (PAP^{-1})P\mathbf{z} + PB\mathbf{x} \\ &= PA\mathbf{z} + PB\mathbf{x} = P(A\mathbf{z} + B\mathbf{x}) = h(\delta(\mathbf{z}, \mathbf{x})). \\ \lambda'(h(\mathbf{z}), \mathbf{x}) &= C'h(\mathbf{z}) + D'\mathbf{x} = (CP^{-1})P\mathbf{z} + D\mathbf{x} \\ &= C\mathbf{z} + D\mathbf{x} = \lambda(\mathbf{z}, \mathbf{x}). \ \blacksquare \end{aligned}$$

Die charakteristische Matrix A kann also einer beliebigen Ähnlichkeitstransformation unterworfen werden; man erhält dabei stets einen äquivalenten linearen Automaten, wenn auch die anderen charakterisierenden Matrizen in der oben angegebenen Weise transformiert werden.

Eine gewisse Umkehrung von Satz 2 enthält der

Satz 3: $[A, B, C, D]$ *und* $[A', B', C', D']$ *seien äquivalent, der zweite Automat sei reduziert. Es gebe eine nichtsinguläre Matrix P mit*

$$\mathbf{z} \sim P\mathbf{z} \quad \forall \mathbf{z} \ \ (\mathbf{z} \in \mathbf{Z} \wedge P\mathbf{z} \in \mathbf{Z}').$$

Dann sind die beiden linearen Automaten ähnlich.

Beweis: Es sei $\mathbf{z} \sim P\mathbf{z}$, dann gilt:

$$\begin{aligned} &A\mathbf{z} + B\mathbf{x} \sim A'P\mathbf{z} + B'\mathbf{x} \ \ \forall \mathbf{x} \in X \\ &\Rightarrow P(A\mathbf{z} + B\mathbf{x}) = A'P\mathbf{z} + B'\mathbf{x} \ \ \forall \mathbf{x} \in X \end{aligned}$$

(weil $\underline{A}'$ reduziert ist). Weiterhin ist

$$\begin{aligned} \mathbf{x} = \mathbf{0} &\Rightarrow PA\mathbf{z} = A'P\mathbf{z} \ \ \forall \mathbf{z} \in Z \ \ \Rightarrow A' = PAP^{-1}, \\ \mathbf{z} = \mathbf{0} &\Rightarrow PB\mathbf{x} = B'\mathbf{x} \ \ \forall \mathbf{x} \in X \ \ \Rightarrow B' = PB. \end{aligned}$$

---

[1]) Der Zusammenhang zwischen A und A' heißt ja Ähnlichkeitstransformation.

Man betrachtet nun die Ausgabe bei Eingabe eines $\mathbf{x}$ und die Vorlage der äquivalenten Zustände $\mathbf{z}$ und $P\mathbf{z}$; dabei gilt natürlich

$$C\mathbf{z} + D\mathbf{x} = C'P\mathbf{z} + D'\mathbf{x}.$$
$$\mathbf{x} = \mathbf{0} \Rightarrow C\mathbf{z} = C'P\mathbf{z} \ \forall \mathbf{z} \in Z \ \Rightarrow C' = CP^{-1}.$$
$$\mathbf{z} = \mathbf{0} \Rightarrow D\mathbf{x} = D'\mathbf{x} \ \forall \mathbf{x} \in X \ \Rightarrow D' = D,$$

d. h. die beiden linearen Automaten sind ähnlich. ■

Satz 4: *$[A, B, C, D]$ und $[A', B', C', D']$ seien reduzierte und äquivalente lineare Automaten. Dann existiert eine nichtsinguläre Matrix P mit der Eigenschaft: $\mathbf{z} \in Z$ und $P\mathbf{z} \in Z'$ sind äquivalent.*

Beweis: Z sei ein r-dimensionaler Vektorraum. Die Matrix P wird konstruiert: Die Zustände

$$\mathbf{z}_1 = \begin{pmatrix} 1 \\ 0 \\ \vdots \\ 0 \end{pmatrix}, \mathbf{z}_2 = \begin{pmatrix} 0 \\ 1 \\ 0 \\ \vdots \\ 0 \end{pmatrix}, \ldots, \mathbf{z}_r = \begin{pmatrix} 0 \\ 0 \\ \vdots \\ 1 \end{pmatrix}$$

seien äquivalent den Zuständen

$$\mathbf{z}_1', \mathbf{z}_2', \ldots \mathbf{z}_r'.$$

Man bildet damit die Matrix $P = [\mathbf{z}_1', \ldots, \mathbf{z}_r']$.

Ein beliebiges Element $\mathbf{z} \in Z$ läßt sich nun so darstellen:

$$\mathbf{z} = \sum_{i=1}^{r} a_i \mathbf{z}_i.$$

Man vergleicht $\mathbf{z}$ mit $P\mathbf{z}$:

$$P\mathbf{z} = P \sum_{i=1}^{r} a_i \mathbf{z}_i = \sum_{i=1}^{r} a_i P \mathbf{z}_i = \sum_{i=1}^{r} a_i \mathbf{z}_i'.$$

Es bleibt also noch zu zeigen:

$$\mathbf{z} \sim \mathbf{z}' \wedge \overline{\mathbf{z}} \sim \overline{\mathbf{z}}' \Rightarrow \mathbf{z} + \overline{\mathbf{z}} \sim \mathbf{z}' + \overline{\mathbf{z}}'.$$

Dann folgt ja $\mathbf{z} \sim P\mathbf{z}$; falls $\mathbf{z}$ und $\mathbf{z}'$ jeweils mit einem Skalar multipliziert werden, ist die Äquivalenz der „Produkte" natürlich nach Bemerkung 1 trivial. Aus Bemerkung 1 folgt nun aber für alle $\mathbf{p} \in X^*$ mit $l(\mathbf{p}) = n$:

$$\begin{aligned} \lambda(\mathbf{z} + \overline{\mathbf{z}}, \mathbf{p}) &= \lambda(\mathbf{z}, \mathbf{p}) + \lambda(\overline{\mathbf{z}}, \mathbf{0}^n) \\ &= \lambda'(\mathbf{z}', \mathbf{p}) + \lambda'(\overline{\mathbf{z}}', \mathbf{0}^n) = \lambda'(\mathbf{z}' + \overline{\mathbf{z}}', \mathbf{p}). \end{aligned}$$

Die Matrix P ist nicht singulär; denn wäre P singulär, dann gäbe es Zustände $\mathbf{z}$ und $\overline{\mathbf{z}}$ mit $P\mathbf{z} = P\overline{\mathbf{z}}$, d. h. $\mathbf{z}$ und $\overline{\mathbf{z}}$ wären äquivalent und $\underline{A}$ wäre deshalb nicht reduziert; das ist ein Widerspruch zur Voraussetzung. ■

Bemerkung 2: Die Ergebnisse der vorstehenden Sätze lassen sich folgendermaßen zusammenfassen: In der Menge der reduzierten linearen Automaten sind die Begriffe Isomorphie, Äquivalenz und Ähnlichkeit gleichbedeutend. ■

5.2. Reduktion linearer Automaten

Die Begriffe Reduktion und reduzierter Automat wurden bereits im zweiten Kapitel behandelt – Ziel der Reduktion ist stets eine geeignete Vereinfachung des gegebenen Automaten.

Jeder Automat – also auch jeder lineare Automat – besitzt einen Reduzierten; dieser ist ein homomorphes Bild der Ausgangsautomaten und bis auf Isomorphie eindeutig bestimmt. In diesem Zusammenhang stellt sich die Frage, ob der Reduzierte eines linearen Automaten wieder linear ist. Diese Frage wird in diesem Abschnitt positiv beantwortet werden.

Definition 1: *Gegeben sei der lineare Automat* $\underline{A} = [X, Y, Z, A, B, C, D]$; *die charakteristische Matrix* A *sei eine* (n, n)*-Matrix über dem Körper* GF(π).

Dann bildet man die folgende (Hyper-)Matrix

$$K = \begin{pmatrix} C \\ CA \\ CA^2 \\ \vdots \\ CA^n \end{pmatrix} \qquad (C = CA^0 = C \cdot E_n).$$

Diese Matrix K heißt Diagnosematrix des Automaten.

Bemerkung 1: Eine beliebige quadratische Matrix A genügt ihrer eigenen charakteristischen Gleichung

$$f(A) = A^n + a_{n-1}A^{n-1} + \ldots + a_1 A + a_0 A^0 = 0$$

(Cayley-Hamilton-Theorem); falls A diagonalähnlich ist, genügt A schon dem zugehörigen Minimalpolynom der Matrix. Jedenfalls folgt daraus: Jede Matrixpotenz A^k mit $k \geqslant n$ ist als Linearkombination von $A^0 = E, A, A^2, \ldots, A^{n-1}$ darstellbar (vgl. z. B. *Kowalsky* (1972)).

Es gilt nun[1])

$$\bigwedge_{k \geqslant 0} (CA^k \mathbf{z} = \mathbf{0}) \Longleftrightarrow K\mathbf{z} = \mathbf{0}$$

[1]) $K\mathbf{z} = \mathbf{0}$ bedeutet natürlich $C\mathbf{z} = \mathbf{0}, CA\mathbf{z} = \mathbf{0}, \ldots, CA^{n-1}\mathbf{z} = \mathbf{0}$. Die Bedeutung von $K\mathbf{z}_1 = K\mathbf{z}_2$ ist damit ebenfalls klar.

Beweis:

„⇒" ist trivial,
„⇐" ist trivial für $k < n$; für $k \geqslant n$ ist

$$A^k = \sum_{i=0}^{n-1} b_i A^i \qquad \text{(Darstellbarkeit mit geeigneten } b_i\text{)},$$

$$\Rightarrow CA^k \mathbf{z} = \sum_{i=0}^{n-1} b_i \, CA^i \mathbf{z} = \mathbf{0}. \quad \blacksquare$$

Mit dem Begriff der Diagnosematrix kann man nun das folgende Äquivalenzkriterium zeigen.

Satz 1: *$[A, B, C, D]$ sei ein linearer Automat und K seine Diagnosematrix. Dann gilt*

$$\bigwedge_{\mathbf{z}_1, \mathbf{z}_2 \in Z} (\mathbf{z}_1 \sim \mathbf{z}_2 \Longleftrightarrow K\mathbf{z}_1 = K\mathbf{z}_2)$$

(Zusammenhang zwischen Äquivalenz und Diagnosematrix).

Beweis: Es gilt nach Definition der Äquivalenz

$$\mathbf{z}_1 \sim \mathbf{z}_2 \Longleftrightarrow \lambda(\mathbf{z}_1, \mathbf{p}) = \lambda(\mathbf{z}_2, \mathbf{p}) \ \forall \mathbf{p} \in X^*.$$

Nach Bemerkung 1 des Abschnittes 5.1 ist aber

$$\mathbf{z}_1 \sim \mathbf{z}_2 \Longleftrightarrow \bigwedge_{\mathbf{p} \in X^*} (\lambda(\mathbf{z}_1, \mathbf{0}^{l(\mathbf{p})}) = \lambda(\mathbf{z}_2, \mathbf{0}^{l(\mathbf{p})})$$

$$\Longleftrightarrow \bigwedge_{k \geqslant 0} (CA^k \mathbf{z}_1 = CA^k \mathbf{z}_2) \Longleftrightarrow K\mathbf{z}_1 = K\mathbf{z}_2. \quad \blacksquare$$

Offensichtlich ist natürlich $K\mathbf{0} = \mathbf{0}$ und daraus folgt sofort

$$\mathbf{z} \sim \mathbf{0} \Longleftrightarrow K\mathbf{z} = \mathbf{0}.$$

Die Menge

$$Z_0 = \{\mathbf{z} \mid \mathbf{z} \in Z \wedge K\mathbf{z} = \mathbf{0}\} \subset Z$$

ist ein Unterraum von Z, denn sie ist abgeschlossen gegenüber den linearen Operationen. Z_0 ist daher auch Untergruppe von Z und man kann damit eine Restklassenzerlegung von Z nach Z_0 durchführen.

Satz 2: $\underline{\overline{A}} = [X, Y, \overline{Z}, \ldots]$ *sei der Reduzierte*[1]) *von* $\underline{A}$ *mit* $\overline{Z} = \{\overline{\mathbf{z}} = \{\mathbf{z}' \mid \mathbf{z}' \in Z \wedge \mathbf{z}' \sim \mathbf{z}\}\}$.
Dann gilt

$$\mathbf{z}_1, \mathbf{z}_2 \in \overline{\mathbf{z}} \Longleftrightarrow \mathbf{z}_1 - \mathbf{z}_2 \in Z_0$$

---

1) Der Reduzierte existiert ja nach Abschnitt 2.3. Satz 2 eindeutig bis auf Z-Isomorphie.

Beweis: Offenbar ist $\mathbf{z}_1, \mathbf{z}_2 \in \bar{\mathbf{z}} \iff \mathbf{z}_1 \sim \mathbf{z}_2$

$$\iff K\mathbf{z}_1 = K\mathbf{z}_2$$
$$\iff K(\mathbf{z}_1 - \mathbf{z}_2) = \mathbf{0} \iff \mathbf{z}_1 - \mathbf{z}_2 \in Z_0. \blacksquare$$

Es wird jetzt geprüft, ob der reduzierte Automat $\bar{\underline{A}}$ von $\underline{A}$ ein linearer Automat ist: Es wird zunächst ein zu $\underline{A}$ äquivalenter linearer Automat mit minimaler Zustandsmenge konstruiert. Dieser erweist sich dann als isomorph zu $\bar{\underline{A}}$. Es wird also jetzt ein Verfahren angegeben, wie man aus einem gegebenen linearen Automaten $[A, B, C, D]$ einen anderen linearen Automaten $[\hat{A}, \hat{B}, \hat{C}, \hat{D}]$ konstruieren kann, der sich dann als Automat mit speziellen, wünschenswerten Eigenschaften erweist. Gegeben sei der lineare Automat $[A, B, C, D]$, A eine (n, n)-Matrix, K die Diagnosematrix von $[A, B, C, D]$. Es sei rang $(K) = r \leqslant n$. Aus r linear unabhängigen Zeilen von K bildet man die (r, n)-Matrix T. Dann bestimmt man eine (n, r)-Matrix R mit[1])

$$TR = E_r$$

(es gibt offensichtlich solche Matrizen R). Dann konstruiert man aus $\underline{A} = [A, B, C, D]$ den folgenden linearen Automaten

$$\hat{\underline{A}} = [\hat{A}, \hat{B}, \hat{C}, \hat{D}] \text{ mit}$$
$$\hat{A} = TAR \quad \text{(r, r)-Matrix))}$$
$$\hat{B} = TR, \hat{C} = CR, \hat{D} = D.$$

Man hat bei Z ... n-elementige Vektoren
X ... k-elementige Vektoren
Y ... k'-elementige Vektoren
und daher bei $\hat{Z}$ ... r-elementige Vektoren $(r \leqslant n)$
$\hat{X}$ ... k-elementige Vektoren; $\hat{X} = X$
$\hat{Y}$ ... k'-elementige Vektoren; $\hat{Y} = Y$.

Also ist

$$\underline{A} = [X, Y, Z, A, B, C, D]$$
$$\hat{\underline{A}} = [X, Y, \hat{Z}, \hat{A}, \hat{B}, \hat{C}, \hat{D}]$$

Der Übergang von $\underline{A}$ nach $\hat{A}$ ist wegen rang $(K) = r \leqslant n$ i.a. mit einem Dimensionsverlust von Z verbunden. Es soll nun gezeigt werden:

$\hat{\underline{A}}$ ist ein Automat mit minimaler Zustandsmenge und äquivalent zu $\underline{A}$.

Satz 3: $\hat{\underline{A}}$ *ist ein Z-homomorphes Bild von* $\underline{A}$.

Beweis: Es wird gezeigt, daß die Abbildung

$$h : Z \to \hat{Z} \text{ mit } h(\mathbf{z}) = T\mathbf{z} = \hat{\mathbf{z}}$$

---

1) E_r : r – reihige Einheitsmatrix

der gesuchte Homomorphismus ist. Sei $\tilde{\mathbf{z}} = (E_n - RT)\,\mathbf{z}$ (daraus folgt natürlich $\mathbf{z} = \tilde{\mathbf{z}} + RT\mathbf{z}$); es ist dann offensichtlich

$$T\tilde{\mathbf{z}} = (T - TRT)\,\mathbf{z} = (T - T)\,\mathbf{z} = \mathbf{0}$$

Da alle Zeilen von K geeignete Linearkombinationen der Zeilen von T sind, folgt

$$T\tilde{\mathbf{z}} = \mathbf{0} \Rightarrow K\tilde{\mathbf{z}} = \mathbf{0},$$

somit aber: $\tilde{\mathbf{z}} \sim \mathbf{0}$.

Daraus folgt nun $\delta(\tilde{\mathbf{z}}, \mathbf{0}) \sim \delta(\mathbf{0}, \mathbf{0})$ und das heißt $A\tilde{\mathbf{z}} \sim \mathbf{0}$. Das ist aber nun wieder gleichbedeutend mit

$$KA\tilde{\mathbf{z}} = \mathbf{0}.$$

Dann ist aber auch: $TA\tilde{\mathbf{z}} = \mathbf{0}$ (denn sonst hätte man einen Widerspruch). Es gilt nun (Prüfen der Konsistenzbedingungen für h):

$$\begin{aligned}\lambda(\mathbf{z}, \mathbf{x}) &= C\mathbf{z} + D\mathbf{x} = C(\tilde{\mathbf{z}} + RT\mathbf{z}) + D\mathbf{x}\\ &= C\tilde{\mathbf{z}} + CRT\mathbf{z} + D\mathbf{x} = (CR)\,T\mathbf{z} + D\mathbf{x}\end{aligned}$$

(es ist $C\tilde{\mathbf{z}} = \mathbf{0}$ wegen $K\tilde{\mathbf{z}} = \mathbf{0}$); also

$$\lambda(\mathbf{z}, \mathbf{x}) = \hat{C}\hat{\mathbf{z}} + \hat{D}\mathbf{x} = \hat{\lambda}(\hat{\mathbf{z}}, \mathbf{x}) = \hat{\lambda}(\mathrm{h}(\mathbf{z}), \mathbf{x}).$$

Entsprechend gilt

$$\begin{aligned}&\mathrm{h}(\delta(\mathbf{z}, \mathbf{x})) = T(A\mathbf{z} + B\mathbf{x}) = T(A(\tilde{\mathbf{z}} + RT\mathbf{z}) + B\mathbf{x})\\ &= TA\tilde{\mathbf{z}} + TART\mathbf{z} + TB\mathbf{x}\\ &= (TAR)\,T\mathbf{z} + TB\mathbf{x} = \hat{A}\hat{\mathbf{z}} + \hat{B}\mathbf{x}\\ &= \hat{\delta}(\mathrm{h}(\mathbf{z}), \mathbf{x}).\end{aligned}$$

Die Kostenbedingungen sind also erfüllt; es bleibt noch zu zeigen, daß jeder Zustand $\hat{\mathbf{z}}$ von $[\hat{A}, \hat{B}, \hat{C}, \hat{D}]$ wenigstens ein Urbild in Z hat: Es gilt $T(R\hat{\mathbf{z}}) = \hat{\mathbf{z}}$, d. h. $R\hat{\mathbf{z}} \in Z$ ist ein Urbild von $\hat{\mathbf{z}}$. ■

Bemerkung 2: Nach Bemerkung 3 von Abschnitt 2.3 sind die Automaten $\underline{A}$ und $\hat{\underline{A}}$ äquivalent. ■

Bemerkung 3: Es wird noch eine Hilfsaussage benötigt, die in zwei Schritten bewiesen wird.

a) Für $\alpha = 0, 1, 2, \ldots$ gilt

$$\hat{A}^{\alpha} = TA^{\alpha}R$$

Der Beweis erfolgt durch Induktion nach α; für $\alpha = 0$ ist die Aussage trivial. Man schließt dann von $\alpha - 1$ auf α; es sei also

$$\hat{A}^{\alpha-1} = TA^{\alpha-1}R.$$

Dann ist

$$\hat{A}^\alpha = \hat{A}\,A^{\alpha-1} = \hat{A}TA^{\alpha-1}R.$$

$$h : Z \to \hat{Z} \text{ mit } h(\mathbf{z}) = T(\mathbf{z})$$

ist nach Satz 3 ein Homomorphismus, daher gilt

$$h(\delta(\mathbf{z}, \mathbf{0})) = \hat{\delta}(h(\mathbf{z}), \mathbf{0}) \quad \forall \mathbf{z} \in Z$$

also ist

$$T(A\mathbf{z}) = \hat{A}(T\mathbf{z}) \quad \forall \mathbf{z} \in Z$$

und daraus folgt

$$TA = \hat{A}T;$$

setzt man das in den obigen Ausdruck ein, so erhält man

$$\hat{A}^\alpha = \hat{A}TA^{\alpha-1}\,R = TA^\alpha R.$$

b) Für die Diagnosematrix von $\underline{\hat{A}}$ gilt:

$$\hat{K} = KR \quad \text{(in klarer Interpretation: blockweise)}$$

Beweis: $h : Z \to \hat{Z}$ ist ein Homomorphismus, daher gilt $\lambda(\mathbf{z}, \mathbf{0}) = \hat{\lambda}(h(\mathbf{z}), \mathbf{0})$ und das heißt $C\mathbf{z} = \hat{C}T\mathbf{z}$ $\forall\, \mathbf{z} \in Z$; es ist also $C = \hat{C}T$ und daraus folgt

$$\hat{C}\hat{A}^\alpha = \hat{C}TA^\alpha R = CA^\alpha R;\ \alpha = 0, 1, 2, \ldots .$$

Aus der Definition der Diagnosematrix folgt dann sofort die Behauptung. ■

Die Antwort auf die eingangs gestellte Frage gibt der

Satz 4: *Der Z-Homomorphismus von* $[A, B, C, D]$ *auf* $[\hat{A}, \hat{B}, \hat{C}, \hat{D}]$ *ist eine Reduktion, d. h.* $\underline{\hat{A}}$ *ist der (bis auf Z-Isomorphie eindeutig bestimmte) Reduzierte* $\underline{\bar{A}}$ *von* $\underline{A}$.

Beweis: Es muß nur noch gezeigt werden, daß $\underline{\hat{A}}$ eine minimale Zustandsmenge besitzt, d. h., daß aus der Äquivalenz zweier („verschiedener") Zustände ihre Gleichheit folgt; dazu genügt es wiederum zu zeigen, daß es zu $\mathbf{0}$ keinen äquivalenten Zustand gibt (vgl. auch Satz 2). Sei also $\mathbf{0} \sim \hat{\mathbf{z}}$ (mit $\mathbf{z} \neq \mathbf{0}$); dann folgt $\hat{K}\hat{\mathbf{z}} = \mathbf{0}$.

Es ist $\hat{K} = KR$ und daher $K(R\hat{\mathbf{z}}) = \mathbf{0}$. Das ist genau dann der Fall, wenn $TR\hat{\mathbf{z}} = \mathbf{0}$ ist, da die Zeilen von K Linearkombinationen der Zeilen von T sind. Es ist aber $TR = E_r$, also gilt $E_r\,\hat{\mathbf{z}} = \hat{\mathbf{z}} = \mathbf{0}$, und das ist ein Widerspruch zur Voraussetzung. ■

Die Reduktion – ein spezieller Homomorphismus linearer Automaten – führt also wieder zu einem linearen Automaten; mit anderen Worten: Der Reduzierte eines linearen Automaten ist linear. Damit ist die gestellte Frage beantwortet.

Beispiel 1 (vgl. *Reusch* (1969)): Nicht jedes homomorphe Bild eines linearen Automaten ist ein linearer Automat. Dafür soll hier noch ein konkretes Beispiel gegeben werden. $[A, B, C, D]$ sei ein linearer Automat über dem GF(2) = B = {0, 1} mit

$$A = \begin{pmatrix} 0 & 1 & 1 & 1 \\ 1 & 0 & 1 & 1 \\ 0 & 0 & 0 & 1 \\ 0 & 0 & 1 & 0 \end{pmatrix}, \quad B = \begin{pmatrix} 1 \\ 0 \\ 0 \\ 0 \end{pmatrix}, \quad C = [0\ 0\ 0\ 1], \quad D = [0]$$

$$\mathbf{z} = \begin{pmatrix} a \\ b \\ c \\ d \end{pmatrix} \in Z \quad \text{läßt sich repräsentieren durch}$$

$$z = a2^3 + b2^2 + c2^1 + d2^0 \quad (0 \leqslant z \leqslant 15, \text{ z ganz})$$

(diese Darstellung ist hier offensichtlich bequem). Dann erhält man die folgende Wertetabellen für δ und λ:

δ	0	1	λ	0	1
0	0	8		0	0
1	14	6		1	1
2	13	5		0	0
3	3	11		1	1
4	8	0		0	0
5	6	14		1	1
6	5	13		0	0
7	11	3		1	1
8	4	12		0	0
9	10	2		1	1
10	9	1		0	0
11	7	15		1	1
12	12	4		0	0
13	2	10		1	1
14	1	9		0	0
15	15	7		1	1

Das oben angegebene Reduktionsverfahren führt auf die Matrizen:

$$T = \begin{pmatrix} 0 & 0 & 0 & 1 \\ 0 & 0 & 1 & 0 \end{pmatrix}, \quad R = \begin{pmatrix} 0 & 0 \\ 0 & 0 \\ 0 & 1 \\ 1 & 0 \end{pmatrix}$$

Damit ist also:

$$\hat{A} = TAR = \begin{pmatrix} 0 & 1 \\ 1 & 0 \end{pmatrix}, \hat{A} = TB = \begin{pmatrix} 0 \\ 0 \end{pmatrix}$$

$$\hat{C} = CR = [10], \hat{F} = D = [0]$$

und der Reduzierte von $[A, B, C, D]$ ist gefunden.

Es wird nun ein anderer Z-Homomorphismus von $\underline{A}$ betrachtet.

Die Abbildung $h : Z \to Z' = \{z'_1, \ldots, z'_7\}$ sei folgendermaßen festgelegt:

$$h^{-1}(z'_1) = \{0, 4, 8\},\ h^{-1}(z'_2) = \{1, 9\},$$
$$h^{-1}(z'_3) = \{2, 6\},\ h^{-1}(z'_4) = \{3, 7, 11, 15\},$$
$$h^{-1}(z'_5) = \{5, 13\},\ h^{-1}(z'_6) = \{10, 14\}$$
$$h^{-1}(z'_7) = \{12\}.$$

Hiermit gilt: $\lambda(z, x)$ ist gleich für alle $z \in h^{-1}(z'_i)$ und $x = 0, 1$; man sagt dazu auch: h ist ausgabekonsistent. Der Automat $\underline{A}' = [X, Y, Z', \delta', \lambda']$ ist dann offenbar ein Z-homomorphes Bild von $\underline{A}$, wenn man festlegt: $\delta'(z'_i, x) = z'_j$, falls $\delta(z, x) \in h^{-1}(z'_j)$ für $z \in h^{-1}(z'_i)$ und $\lambda(z'_i, x) = \lambda(z, x)$ für $z \in h^{-1}(z'_i)$. Der dadurch bestimmte Automat $\underline{A}'$ besitzt die folgenden Tabellen:

δ'	0	1	λ'	0	1
z'_1	z'_1	z'_1		0	0
z'_2	z'_2	z'_3		1	1
z'_3	z'_5	z'_5		0	0
z'_4	z'_4	z'_4		1	1
z'_5	z'_3	z'_6		1	1
z'_6	z'_2	z'_2		0	0
z'_7	z'_7	z'_1		0	0

$\underline{A}'$ kann aber nicht ismorph zu einem linearen Automaten sein, denn $\underline{A}'$ besitzt 7 Zustände, während die Zahl der Zustände eines linearen Automaten über dem GF(2) offensichtlich stets eine Zweierpotenz sein muß. Es gilt aber: $\underline{A}' \sim \underline{A}$, d. h. der nicht-lineare Automat $\underline{A}'$ ist einem linearen Automaten äquivalent.

Weitere Untersuchungen und Betrachtungen zum Problemkreis der linearen Automaten findet man z. B. bei *Reusch* (1969) und in der Originalliteratur.

6. Boolesche Automaten

Dieses Kapitel kann in den angesprochenen Problemkreis nur einführen; behandelt werden einige Eigenschaften von Automaten über einer zwei-elementigen Booleschen Algebra – auf allgemeinere Fälle kann hier nicht eingegangen werden. Der Grund für die Behandlung dieser Dinge ist einmal in den Anwendungsmöglichkeiten zu suchen (z. B. in der Schaltkreistheorie, der Darstellung von Booleschen Funktionen als Automatenabbildungen), auf die hier aus Platzgründen auch nicht eingegangen werden kann (vgl. Darstellungen der Schaltalgebra, etwa *Hotz* (1974) oder auch *Hackl* (1972/1973)), und zum anderen in der Analogie zu den linearen Automaten (zugrundegelegt wird hier aber kein Körper – denn eine Boolesche Algebra ist kein Körper) – die Begriffsbildungen sind ähnlich und sie entsprechen einander. Der Problemkreis ist in der Literatur bisher noch wenig behandelt; an Literaturstellen seien hier nur genannt *Hammer/Rudeanu* (1968) – dieses Buch enthält viele Anwendungen der Booleschen Algebra – und *Reischer/Simovici* (1971).

6.1. Grundlagen

In einem einleitenden kurzen Abschnitt sollen zunächst die wichtigsten Grundlagen der Booleschen Algebra zusammengestellt werden; die ersten und einfachsten Dinge findet man natürlich in jedem Buch über Boolesche Algebra.

Gegeben sei eine algebraische Struktur $(V; \sqcup, \sqcap)$ mit endlicher oder unendlicher Trägermenge $V (\neq \emptyset)$ und den beiden zweistelligen Verknüpfungen $\sqcup$ – gesprochen „oder" (Disjunktion) – und $\sqcap$ – gesprochen „und" (Konjunktion).

Definition 1: V *heißt Verband genau dann, wenn für alle* $a, b, c, \ldots \in V$ *folgendes gilt:*

1. $a \sqcup b = b \sqcup a$; $a \sqcap b = b \sqcap a$.
2. $(a \sqcup b) \sqcup c = a \sqcup (b \sqcup c)$; $(a \sqcap b) \sqcap c = a \sqcap (b \sqcap c)$.
3. $a \sqcap (a \sqcup b) = a$; $a \sqcup (a \sqcap b) = a$ *(Verschmelzungsregeln).*

Definition 2: V *heißt distributiv genau dann, wenn* V *ein Verband ist und wenn gilt*

4. $a \sqcap (b \sqcup c) = (a \sqcap b) \sqcup (a \sqcap c)$; $a \sqcup (b \sqcap c) = (a \sqcup b) \sqcap (a \sqcup c)$.

Definition 3: V *heißt komplementär genau dann, wenn* V *ein Verband ist und*

5. *wenn eine einstellige Operation* $\varphi : V \to V$ *(mit* $\varphi(a) = \bar{a}$*) auf* V *erklärt ist und zwei Elemente* 0 *und* 1 *aus* V *ausgezeichnet sind, so daß für alle* $a \in V$ *gilt:*

   $a \sqcap \bar{a} = 0$; $a \sqcup \bar{a} = 1$

   *(*0*: Nullelement;* 1*: Einselement;* φ*: Komplementbildung).*

Definition 4: *Ein distributiver und komplementärer Verband heißt Boolescher Verband oder Boolesche Algebra.*

Beispiel 1: Ω sei eine nichtleere Basismenge; es sei $V = P(\Omega)$; $\sqcap = \cap$; $\sqcup = \cup$; $0 = \emptyset$; $1 = \Omega$; $\varphi(A) = \overline{A}$. Mit den erklärten Verknüpfungen ist V eine Boolesche Algebra; allgemeiner ist natürlich auch jede Mengenalgebra ein Boolescher Verband. Wegen dieses Beispiels sagt man auch in allgemeinen Verbänden für $\sqcap$ „und" und für $\sqcup$ „oder".

Bemerkung 1: Die Verbandsaxiome sind für die Operationen $\sqcup$ und $\sqcap$ „symmetrisch". Wenn man in den Axiomen $\sqcap$ mit $\sqcup$ vertauscht und gleichzeitig 0 mit 1 vertauscht, so erhält man wieder ein verbandstheoretisches Axiom, das sogenannte duale Axiom. Eine nur aus den Verbandsaxiomen abgeleitete Aussage heißt verbandstheoretischer Satz. Wenn man dann bei einem verbandstheoretischen Beweis jedes benutzte Axiom durch das dazu duale ersetzt, so erhält man den Beweis einer neuen, zur ursprünglichen „dualen" Aussage. Es gilt also das Dialitätsprinzip der Verbandstheorie: Zu jedem verbandstheoretischen Satz gilt der duale Satz. ■

Bemerkung 2: Auf die historische Entwicklung und auf Anwendungen der Booleschen Algebra, die nicht zu dem im folgenden behandelten Problemkreis gehören, kann hier natürlich nicht eingegangen werden. Auch axiomatische Fragen sollen hier nicht behandelt werden. ■

Bemerkung 3: Zunächst sollen drei einfache Eigenschaften eines beliebigen Verbandes V gezeigt werden:

a) Es gilt: $a \sqcup a = a \ \forall a \in V$ (Idempotenz).

   Beweis:

   $a \sqcup a = a \sqcup (a \sqcap (a \sqcup b))$; $a \sqcup b = c$
   $\Rightarrow a \sqcup a = a \sqcup (a \sqcap c) = a.$

   Wegen des Dualitätsprinzips gilt auch:

   $a \sqcap a = a \ \forall a \in V.$

b) Es gilt:

   $(a \sqcap b = a \sqcup b) \Rightarrow a = b.$

   Beweis:

   $a = a \sqcup (a \sqcap b) = a \sqcup (a \sqcup b) = (a \sqcup a) \sqcup b = a \sqcup b.$

   Analog erhält man die Aussage: $b = a \sqcup b$ und daraus folgt sofort die Behauptung. Die duale Aussage versteht sich von selbst.

c) Es gilt $a \sqcup b = a \Rightarrow a \sqcap b = b.$

   Beweis:

   $b = b \sqcap (b \sqcup a) = b \sqcap a = a \sqcap b.$

   Die duale Aussage ist natürlich:

   $a \sqcap b = a \Rightarrow a \sqcup b = b.$ ■

Bemerkung 4: Eines der wichtigsten Beispiele ist der im Beispiel 1 genannte Potenzmengenverband; es zeigt zugleich die Widerspruchsfreiheit des in den Definitionen 1 bis 4 aufgeschriebenen Axiomensystems. Die Bedeutung dieses Beispiels ist begründet in dem Satz von *Stone*: „Jeder Boolesche Verband ist isomorph zu einem Potenzmengenverband." Dieser Satz sagt zugleich etwas aus über die Anzahl der Elemente einer endlichen Booleschen Algebra – sie ist offensichtlich stets eine Zweierpotenz. ■

Bemerkung 5: Weitere wichtige Beispiele sind etwa für Verbände der sogenannte Teilerverband (falls man nur Zahlen zuläßt, die keine mehrfachen Primfaktoren besitzen, hat man damit einen Booleschen Verband) und für endliche Boolesche Algebren die 2-, 4-, 8-, ...-elementigen Booleschen Algebren, wenn man von dem degenerierten Fall der einelementigen Booleschen Algebra absieht.

Der für das Folgende wichtigste Fall ist der der zweielementigen Booleschen Algebra. Gegeben sei also die zweielementige Menge B = {0, 1}. Mit den folgendermaßen festgelegten Verknüpfungen

⊓	0	1
0	0	0
1	0	1

⊔	0	1
0	0	1
1	1	1

$\varphi(0) = 1; \varphi(1) = 0$

bildet B dann offensichtlich eine Boolesche Algebra. ■

Allgemein läßt sich jedem Verband eine Halbordnung aufprägen; auf diese Zusammenhänge soll im folgenden kurz eingegangen werden. Man erklärt zunächst in der

Definition 5: *Eine Menge* M = {a, b, c, ...} *besitzt eine Halbordnung, wenn* **in** M *eine zweistellige Relation* < *erklärt ist mit (Sprechweise:* „a *vor* b"*)*:

1. $a < a$
2. $a < b \wedge b < c \Rightarrow a < c$
3. $a < b \wedge b < a \Rightarrow a = b$

Zum Beispiel ist natürlich die Menge **Q** mit „kleiner gleich" halbgeordnet. Die Potenzmenge $P(\Omega)$ einer Basismenge Ω ist mit $< \, = \, \subset$ (Enthaltenseinsbeziehung) halbgeordnet; hier gilt aber, daß nicht alle Teilmengen von Ω vergleichbar sind. Falls alle Elemente von M vergleichbar sind, nennt man die Halbordnung Ordnung, d. h. falls < *auf* M erklärt ist, also stets mindestens eine der Relationen $a < b$ oder $b < a$ für alle $a, b \in M$ gilt.

Der Potenzmengenverband ist also ein Beispiel für einen halbgeordneten Verband; das ist sogar bei einem beliebigen Verband der Fall.

Bemerkung 6: Jeder Verband ist eine Halbordnung, bei der die Beziehung $a < b$ erklärt wird durch

$$a < b \Longleftrightarrow a \sqcap b = a$$

(wegen der Bemerkung 3c kann man das auch ersetzen durch

$$a < b \Longleftrightarrow a \sqcup b = b,$$

man beachte die mengentheoretische Deutung).

Der Beweis erfolgt sehr einfach durch Nachprüfen der Axiome:

1. $a < a$, denn $a \sqcap a = a$ (Idempotenz).
2. $a < b \wedge b < c$, d. h. $a \sqcap b = a \wedge b \sqcap c = b$
   $\Rightarrow a \sqcap c = (a \sqcap b) \sqcap c = a \sqcap (b \sqcap c) = a \sqcap b = a$,
   d. h. $a < c$.
3. $a < b \wedge b < a$, d. h. $a \sqcap b = a \wedge b \sqcap a = b \Rightarrow a = b$.

Die Begriffe obere und untere Schranke (einer Teilmenge einer halbgeordneten Menge) sind bekannt; falls sie existieren, bezeichnet man mit sup(...) die obere Grenze und mit inf(...) die untere Grenze. Die Operationen $\sqcap$ und $\sqcup$ lassen sich nun ordnungstheoretisch deuten. Seien $a, b \in M \subset V$ (Verband); dann haben diese beiden Elemente in der zugeordneten Halbordnung das Element $a \sqcup b$ zur oberen und das Element $a \sqcap b$ zur unteren Grenze. Es ist dafür also zu zeigen:

$$a \sqcup b = \sup(a, b) \text{ und } a \sqcap b = \inf(a, b).$$

Es gilt:

$$(a \sqcap b) \sqcup a = a \Rightarrow a \sqcap b < a;$$

die Vertauschung von a und b ergibt: $a \sqcap b < b$, d. h. $a \sqcap b$ ist untere Schranke von a und b; zu zeigen bleibt dann, daß es die größte untere Schranke ist. Also sei $c \in V$ mit $c < a$ und $c < b$. Damit ist

$$c \sqcap a = c \wedge c \sqcap b = c$$

und daraus folgt

$$c \sqcap (a \sqcap b) = (c \sqcap c) \sqcap (a \sqcap b) = (c \sqcap a) \sqcap (c \sqcap b) = c \sqcap c = c$$

d. h.

$$c < a \sqcap b,$$

also ist

$$a \sqcap b = \inf(a, b).$$

Der Nachweis für $a \sqcup b = \sup(a, b)$ verläuft analog.

Jeder Verband kann also als Halbordnung gedeutet werden; in einem gewissen Sinne gilt auch die Umkehrung – das führt zu der sogenannten Halbordnungscharakterisierung der Verbände[1]), auf diese soll hier aber nicht eingegangen werden. ■

Bemerkung 7: In der Bemerkung 5 sind die Verknüpfungstafeln der zweielementigen Booleschen Algebra $B = \{0, 1; \sqcap, \sqcup\}$ bereits angegeben worden. Die aufgeprägte Halbordnung ist hier einfach $0 < 1$. ■

---

1) Eine andere mögliche Charakterisierung von Verbänden ist die sogenannte algebraische Charakterisierung; man gelangt zu ihr auf dem Weg über Boolesche Ringe (in einem Booleschen Ring gilt bei der Multiplikation das Idempotenzgesetz).

In den folgenden Betrachtungen wird „als Basis" stets dieser Fall angenommen, denn es werden nur Boolesche Automaten über einer zweielementigen Booleschen Algebra betrachtet. Die Aussagen sind z. T. aber allgemeiner formuliert und gelten auch allgemeiner; Beweise werden aber nur für den Fall der zweielementigen Booleschen Algebra erbracht. Hier sind etwa Aussagen wie $\overline{\overline{a}} = a \; \forall \, a \in B$ oder $a \sqcap 0 = 0$ und $a \sqcup 1 = 1 \; \forall \, a \in B$ oder die de Morganschen Regeln selbstverständlich; auf diese einfachen Dinge braucht also hier nicht weiter eingegangen zu werden.

Die jetzt behandelten Dinge über Boolesche Matrizen usw. sind nicht in allen Literaturstellen zu finden – man vergleiche etwa *Hammer/Rudeanu* (1968). Gegeben sei also die Boolesche Algebra $B = \{0, 1; \sqcap, \sqcup\}$.

Definition 6: *Unter einer Booleschen Matrix M über* B *versteht man ein Schema aus* m *Zeilen und* n *Spalten von Elementen aus* B. *Man nennt ein solches Schema natürlich* (m, n)-*Matrix.*

Bemerkung 8: Hier sollen einige im folgenden benötigte Begriffsbildungen bei und Eigenschaften von Booleschen Matrizen zusammengestellt werden. Für zwei (m, n)-Matrizen $M_1 = (a_{ij})$ und $M_2 = (b_{ij})$ erklärt man

1. die Disjunktion: $(a_{ij}) \sqcup (b_{ij}) = (a_{ij} \sqcup b_{ij})$,
2. die Konjunktion: $(a_{ij}) \sqcap (b_{ij}) = (a_{ij} \sqcap b_{ij})$,
3. eine Halbordnung auf der Menge aller (m, n)-Matrizen durch:

$$(a_{ij}) < (b_{ij}) \Longleftrightarrow a_{ij} < b_{ij}$$

(es handelt sich hierbei offenbar nicht um eine Ordnung).

Für eine (m, n)-Matrix erklärt man als Komplement

$$\overline{(a_{ij})} = (\overline{a}_{ij})$$

und mit einer (m, n)-Matrix (a_{ij}) und einer (n, p)-Matrix (b_{jk}) erklärt man als Produkt die (m, p)-Matrix[1])

$$(a_{ij})\,(b_{jk}) = \left(\bigsqcup_{j=1}^{n} (a_{ij} \sqcap b_{jk}) \right).$$

Erklärt man noch als (m, n)-Nullmatrix O bzw. (m, n)-Einsmatrix I Matrizen, deren sämtliche Elemente 0 bzw. 1 sind, so sieht man, daß die Menge aller (m, n)-Matrizen über B (sie hat offensichtlich den Umfang 2^{mn}) mit den eben erklärten Operationen Disjunktion, Konjunkion und Komplementbildung offenbar eine Boolesche Algebra bildet, in der die Halbordnung auf übliche Weise gegeben ist und in der außerdem – falls m = n ist – ein Produkt von Elementen definiert ist. Man nennt noch – wie üblich – (n, 1)-Matrizen Boolesche Vektoren; die Menge aller dieser Vektoren bildet natürlich keinen Vektorraum. ∎

---

1) Die Bedeutung von $\bigsqcup_{j=1}^{n}$ – und dementsprechend $\bigsqcap_{j=1}^{n}$ – ist offensichtlich.

Falls die aufgeschriebenen Produkte der im folgenden vorkommenen Matrizen erklärt sind, gilt offensichtlich:

$$(AB)\,C = A\,(BC)$$
$$A\,(B \sqcup C) = (AB) \sqcup (AC);\ (A \sqcup B)\,C = (AC) \sqcup (BC)$$
$$A < B \Rightarrow AC < BC;$$

denn alle diese Formeln sind leicht nachzurechnen. Falls A eine quadratische Matrix ist und

$$E = \begin{pmatrix} 1 & 0 & \dots & \dots \\ 0 & 1 & 0 \dots & 0 \\ \dots & \dots & \dots & \dots \\ \dots & & 0 & 1 \end{pmatrix}$$

die (quadratische) Einheitsmatrix ist, gilt auch

$$AE = EA = A.$$

Das Matrizenprodukt ist auch hier nicht kommutativ, wie man sich anhand eines einfachen Beispiels leicht überzeugen kann. Der Fall der quadratischen Booleschen Matrizen ist für die hier betrachteten Anwendungen von besonderer Wichtigkeit; die hier zentralen Sätze von *Lunc* betreffen auch diesen Fall. Zunächst erklärt man noch die Potenzen einer quadratischen Matrix A;

$$A^0 = E,\ A^p = AA^{p-1}\ (p \geqslant 1);\ A^p = (a_{ij}^p)$$

Man erhält damit

$$a_{ij}^p = \bigsqcup_{i_1, i_2, \dots, i_{p-1}} a_{ii_1} \sqcap a_{i_1 i_2} \sqcap \dots \sqcap a_{i_{p-1} j},$$

wobei diese Disjunktion offenbar über alle n^{p-1} möglichen Kombinationen der $p-1$ Indizes $i_1, \dots, i_{p-1}$ zu erstrecken ist.

Schließlich erklärt man außer Booleschen Matrizen auch noch Boolesche Determinanten (von quadratischen Matrizen):

$$|A| = |(a_{ij})| = \bigsqcup_{k_1, \dots, k_n} a_{1k_1} \sqcap a_{2k_2} \sqcap \dots \sqcap a_{nk_n},$$

wobei die Disjunktion die über alle möglichen Permutationen $(k_1, \dots, k_n)$ der Indizes $1, \dots, n$ zu erstrecken ist. Es gelten dabei in (gewisser) Analogie zum Fall der Determinanten über Körpern die folgenden, leicht nachzurechnenden Aussagen:

1. Die Determinante ändert sich nicht bei einer Permutation der Zeilen bzw. Spalten der Matrix A,
2. die Determinante kann nach einer Zeile entwickelt werden:

$$|A| = \bigsqcup_{j=1}^{n} a_{ij} \sqcap |A_{ij}| \quad (i = 1, 2, \dots \text{ oder } n)$$

(unter $|A_{ij}|$ versteht man dabei – wie üblich – die durch i und j bestimmte Unterdeterminante) – natürlich kann die Matrix auch nach einer Spalte entwickelt werden,

3. die Determinante ist eine lineare Funktion „jeder ihrer Zeilen“

$$|((\alpha_i \sqcap a_{ij}) \sqcup (\beta_i \sqcap b_{ij}))| = (\alpha_i \sqcap |(a_{ij})|) \sqcup (\beta_i \sqcap |(b_{ij})|)$$

(dabei ist $j = 1, 2, \ldots$ oder n).

Die Determinante einer Matrix mit zwei identischen Zeilen oder Spalten ist hier nicht notwendig gleich Null.

Als letzter Begriff soll hier noch der der Matrix der Adjunkten einer quadratischen Booleschen Matrix A eingeführt werden.

$$\operatorname{adj} A = (\alpha_{ij}) \text{ mit } \alpha_{ij} = |A_{ji}| \ \forall i, j.$$

Nunmehr können zum Abschluß dieses Abschnitts die beiden Sätze von *Lunc* behandelt werden.

Diese Sätze sind – zusammen mit einer einfachen Folgerung (in Bemerkung 11) – für die im nächsten Abschnitt behandelte Theorie der Booleschen Automaten sehr wichtig. Sie machen Aussagen für (n, n)-Matrizen, deren Hauptdiagonalelemente gleich 1 sind.

Satz 1: $A = (a_{ij})$ *sei eine Boolesche* (n, n)*-Matrix mit* $a_{ii} = 1 \ \forall$ i.
Dann gilt:

$$E < A < A^2 < \ldots < A^{n-1} = A^n = A^{n+1} = \ldots$$

Beweis: Wegen $a_{ii} = 1 \ \forall i$ sieht man sofort, daß gilt:

$$E < A$$

und wegen: $A < B \Rightarrow AC < BC$ folgt daraus sofort:

$$E < A < A^2 < A^3 < \ldots$$

Es soll nun noch gezeigt werden, daß auch $A^n < A^{n-1}$ gilt; denn daraus folgt dann sofort die Behauptung. Man betrachtet einen Term $a_{ii_1} \sqcap a_{i_1 i_2} \sqcap \ldots \sqcap a_{i_{n-1} j}$, der zur Darstellung (Disjunktion) von a_{ij}^n gehört. Es kann nun nicht $n + 1$ verschiedene Indizes $i, i_1, \ldots, i_{n-1}, j$ geben (denn A ist eine (n, n)-Matrix); daher existieren Zahlen h und k ($h < k$) mit $i_h = i_k$ und es folgt:

$$a_{ii_1} \sqcap \ldots \sqcap a_{i_{h-1} i_h} \sqcap a_{i_h i_{h+1}} \sqcap \ldots \sqcap a_{i_{k-1} i_k} \sqcap a_{i_k i_{k+1}} \sqcap \ldots \sqcap a_{i_{n-1} j}$$

$$< a_{ii_1} \sqcap \ldots \sqcap a_{i_{h-1} i_h} \sqcap a_{i_k i_{k+1}} \sqcap \ldots \sqcap a_{i_{n-1} j};$$

denn rechts sind ja nur einige Glieder weggelassen worden; man hat nun dort höchstens $n - 1$ Glieder – durch Hinzufügen von geeignet vielen Gliedern

$$a_{i_h i_h} = a_{i_h i_k} = a_{i_k i_k} = 1$$

läßt sich aber erreichen, daß man dort genau $n-1$ Glieder hat, und damit liegt ein Term vor, der in der Darstellung (Disjunktion) von a_{ij}^{n-1} vorkommt. Diese Halbordnungsrelation gilt für alle Indizes $i_1, \dots, i_{n-1}$ und für alle Paare i, j, und daraus folgt dann sofort:

$$A^n < A^{n-1}. \blacksquare$$

Dieser Satz legt nun die folgende Definition nahe.

Definition 7: *Die kleinste Zahl* $c \in \mathbb{N} + \{0\}$ *mit der Eigenschaft*

$$A^c = A^{c+1}$$

heißt charakteristischer Exponent von A.

Für $A = E$ ist offenbar $c = 0$ und für eine (n, n)-Matrix A gilt nach Satz 1: $c \leqslant n-1$. Falls $c = 1$ ist, nennt man die Matrix A idempotent. Offenbar gilt: $(A^c)^2 = A^c$, d.h. die Matrix A^c ist idempotent – ihr charakteristischer Exponent ist also gleich 1.

In der Bemerkung 11 wird eine für die folgenden Anwendungen wesentliche Verallgemeinerung von Satz 1 behandelt; zunächst soll im Satz 2 aber noch eine Darstellung von A^c bewiesen werden.

Satz 2: $A = (a_{ij})$ *sei eine Boolesche* (n, n)*-Matrix mit* $a_{ii} = 1 \ \forall i$. *Dann gilt:*

$$\operatorname{adj} A = A^c$$

wobei c *der charakteristische Exponent von A ist.*

Beweis: Da $A^c = A^{n-1}$ ist, genügt es zu zeigen, daß $\operatorname{adj} A = A^{n-1}$ gilt – und damit ist offensichtlich

$$|A_{ji}| = a_{ij}^{n-1} \quad \forall i, j$$

äquivalent. Nun gilt

$$|A| = \bigsqcup_{k=1}^{n} a_{ik} \sqcap |A_{jk}|, j \in \{1, 2, \dots, n\}$$

und man erhält $|A_{ji}|$ aus $|A|$, indem man a_{ji} durch 1 und jedes andere a_{jk} in dieser Formel durch 0 ersetzt. Damit erhält man die folgende Vorschrift für die Bestimmung von $|A_{ji}|$ unter Verwendung von

$$|A| = \bigsqcup_{h_1, \dots, h_n} a_{1h_1} \sqcap a_{2h_2} \sqcap \dots \sqcap a_{nh_n}$$

(wobei die Disjunktion über alle Permutationen $(h_1, \dots, h_n)$ der Indizes $(1, \dots, n)$ zu erstrecken ist): Man schreibe alle Terme nieder, die a_{ji} enthalten, und ersetze a_{ji} durch 1; dann ist $|A_{ji}|$ gegeben durch die Disjunktion aller dieser so erhaltenen Terme. Ein Term $a_{1h_1} \sqcap a_{2h_2} \sqcap \dots \sqcap a_{nh_n}$ von $|A|$ enthält a_{ji} genau dann, wenn $h_j = i$ ist; d. h. aber, da jede Permutation sich als Produkt ziffernfremder Zyklen schreiben läßt (vgl. z. B. *Hornfeck* (1973)), daß in dem genannten Term genau dann a_{ji} steht, falls die Permutation

$(h_1, \dots, h_n)$ von $(1, \dots, n)$ einen Zyklus der Form $(i, k_1, \dots, k_r, j)$ enthält. Daher gilt offenbar:

$$a_{ik_1} \sqcap a_{k_1 k_2} \sqcap \dots \sqcap a_{k_r j} < a_{ij}^{r+1} < a_{ij}^{n-1}.$$

Da nun jeder Term von $|A_{ji}|$ vor einer geeigneten linksstehenden Konjunktion liegt (es werden ja ggf. noch weitere Glieder hinzugefügt), gilt also:

$$|A_{ji}| < a_{ij}^{n-1}.$$

Im zweiten Schritt des Beweises wird nun noch gezeigt, daß auch

$$a_{ij}^{n-1} < |A_{ji}|$$

gilt – daraus folgt dann sofort die Behauptung. Jeder Term von a_{ij}^{n-1} hat die Form

$$a_{ii_1} \sqcap a_{i_r i_2} \sqcap \dots \sqcap a_{i_{n-2} j}.$$

Falls dabei die Indizes $i, i_1, \dots, i_{n-2}, j$ mit $i = k_1, i_1 = k_2, \dots, i_{n-2} = k_{n-1}, j = k_n$ alle verschieden sind, gehört diese Konjunktion wegen der im ersten Schritt dieses Beweises angestellten Überlegung natürlich auch zur Darstellung von $|A_{ij}|$. Gilt für zwei Indizes $k_r = k_s$ mit $r < s$, so ist offensichtlich

$$a_{k_1 k_2} \sqcap \dots \sqcap a_{k_{n-1} k_n} < a_{k_1 k_2} \sqcap \dots \sqcap a_{k_{r-1} k_r} \sqcap a_{k_s k_{s+1}} \sqcap \dots \sqcap a_{k_{n-1} k_n} =$$

$$a_{k_1 k_2} \sqcap \dots \sqcap a_{k_{r-1} k_r} \sqcap a_{k_r k_{s+1}} \sqcap \dots \sqcap a_{k_{n-1} k_n}.$$

Eventuell muß diese „Reduktion“ mehrfach wiederholt werden, man erhält jedenfalls eine Halbordnungsrelation der Form

$$a_{k_1 k_2} \sqcap \dots \sqcap a_{k_{n-1} k_n} < a_{k_1 l_1} \sqcap a_{l_1 l_2} \sqcap \dots \sqcap a_{l_t l_{t+1}},$$

bei der die Indizes $k_1, l_1, \dots l_t, l_{t+1}$ alle verschieden sind. Ein Hinzufügen von Einsen zur rechten Seite ändert die Relation nicht, also kann man schreiben

$$a_{ii_1} \sqcap \dots \sqcap a_{i_{n-2} j} < a_{k_1 l_1} \sqcap \dots \sqcap a_{l_t l_{t+1}} \sqcap a_{m_1 m_1} \sqcap \dots \sqcap a_{m_{n-t-2} m_{n-t-2}}$$

wobei $(k_1, l_1, \dots, l_t, l_{t+1}, m_1, \dots, m_{n-t-2})$ eine Permutation von $(1, 2, \dots, n)$ ist. Eine dieser Zahlen ist ja gleich j, also ist die rechte Seite der letzten Konjunktion ein Term von $|A_{ji}|$; daher folgt aus dieser Relation

$$a_{ii_1} \sqcap \dots \sqcap a_{i_{n-2} j} < |A_{ji}|$$

und damit gilt

$$a_{ij}^{n-1} < |A_{ji}|.$$

Mit diesem zweiten Schritt ist der Satz dann vollständig bewiesen. ■

Bemerkung 11: In dieser Bemerkung soll noch die schon angekündigte Folgerung aus Satz 1 gebracht werden. $A = (a_{ij})$ sei eine beliebige Boolesche (n, n)-Matrix; dann genügt die Matrix $A \sqcup E$ offensichtlich den Voraussetzungen des ersten Satzes von *Lunc*, d. h. mit c als charakteristischem Exponenten von $A \sqcup E$ gilt:

$$(A \sqcup E)^c = (A \sqcup E)^{c+1} \qquad (c \leqslant n-1).$$

Offensichtlich gelten die folgenden Halbordnungsrelationen

$$A \sqcap E < A < A \sqcup E.$$

Die Matrix $A \sqcap E$ besitzt folgende Eigenschaft

$a_{ij} = 0$ für $i \neq j$,
$a_{ii} = 1$ für höchstens n Werte i.

Die Matrix $(A \sqcap E)^2$ hat die Elemente $a_{ij}^2 = \bigsqcup_{k=1}^{n} a_{ik} \sqcap a_{kj}$ und daher gilt offenbar:

$a_{ij}^2 = a_{ij}$. Also ist die Matrix $A \sqcap E$ idempotent.
Wegen der Beziehung

$$A < B \Rightarrow AA < AB < BB$$

folgt dann

$$A \sqcap E < A^k \quad \forall k \in \mathbb{N}.$$

und entsprechend erhält man

$$A^k < (A \sqcap E)^c \quad \forall k \in \mathbb{N}$$

Aus der Distributivität der Matrizenmultiplikation über der Disjunktion folgt nun noch sofort mit einem einfachen Induktionsschluß

$$(A \sqcup E)^c = A^c \sqcup A^{c-1} \sqcup \ldots \sqcup A \sqcup E.$$

Damit hat man die folgende für beliebige Boolesche (n, n)-Matrizen gültige Halbordnungsrelation

$$A \sqcap E < A^k < A^c \sqcup A^{c-1} \sqcup \ldots \sqcup A \sqcup E$$

wobei c der charakteristische Exponent von $A \sqcup E$ ist. ■

Bemerkung 12: Der allgemeine Begriff der Booleschen Funktion soll hier nicht näher behandelt werden, denn im folgenden werden nur einige Beispiele von Booleschen Funktionen benötigt. Eine n-stellige Boolesche Funktion ist gegeben durch

$$f: B^n \to B \quad \text{mit } B^n = \bigtimes_{i=1}^{n} B, \quad B = \{0, 1\}.$$

Es gibt 2^{2^n} n-stellige Boolesche Funktionen. Im Abschnitt 6.3 wird hierauf zurückgegriffen. ■

6.2. Lineare Boolesche Automaten

In weitgehender Analogie zur Theorie der linearen Automaten (Kapitel 5) wird hier eine Einführung in die Theorie der linearen Booleschen Automaten behandelt; wegen der Strukturierung der zugrundegelegten Mengen handelt es sich auch hier um algebraische Automaten. An Literaturstellen seien hier nur zitiert: *Reischer/Simovici* (1971) und *Hackl* (1972/3) – bei letzterem findet man nur einige Hinweise, allerdings für allgemeinere Automatentypen, dort wird außerdem eine etwas andere Sprechweise benutzt.

Gegeben sei die Boolesche Algebra $B = \{0, 1; \sqcup, \sqcap\}$; A sei eine (n, n)-Matrix, B eine (n, l)-Matrix, C eine (m, n)-Matrix und D eine (m, l)-Matrix über B. X sei die Menge aller Booleschen Vektoren mit l Koordinaten, Y die Menge aller Vektoren mit m Koordinaten und Z die Menge aller Vektoren mit n Koordinaten über B.

Definition 1: *Das 5-Tupel* $\underline{A} = [X, Y, Z, \delta, \lambda]$ *heißt linearer Boolescher Automat, wenn für* δ *und* λ *gilt:*

$$z' = \delta(z, x) = Az \sqcup Bx$$
$$y = \lambda(z, x) = Cz \sqcup Dx.$$

Dieses System ist ein Automat über einer Booleschen Algebra; die Definition ist völlig analog der für lineare Automaten (Definition 1 in Abschnitt 1.4). Auch hier nennt man A, B, C, D charakterisierende Matrizen, A selbst noch charakteristische Matrix, und man bezeichnet den Automaten mit

$$\underline{A} = [A, B, C, D].$$

Bemerkung 1: Die grundlegenden Begriffe und Eigenschaften bei linearen Automaten werden völlig analog auf diesen Fall übertragen; insbesondere erhält man nach t Takten als freie Antwort

$$y_{frei} = CA^{t-1}z_0$$

und als erzwungene Antwort

$$y_{erzw} = \left(\bigsqcup_{i=0}^{t-2} CA^{t-i-2}Bx_i \right) \sqcup (Dx_{t-2})$$

wenn das Wort $x_0 x_1 \ldots x_{t-2}$ im Zustand z_0 eingegeben wird. Der Begriff autonomer Automat ist schon eingeführt worden; hier versteht man darunter (ganz analog natürlich auch bei linearen Automaten) einen Automaten ohne Eingabe und man beschreibt ihn durch

$$z' = Az;\ y = Cz$$

(informationserzeugendes System; die Eingabe als Taktgeber tritt also formelmäßig gar nicht auf). Wenn er das Zustandswort $z_0 z_1 \ldots z_t$ durchläuft, gibt er ein Wort $y_0 y_1 \ldots y_t$

aus. c sei der charakteristische Exponent der Matrix A; dann gelten folgende Halbordnungsrelationen:

$$\left.\begin{array}{l} \mathbf{z}_t < \mathbf{z}_c \sqcup \mathbf{z}_{c-1} \sqcup \ldots \sqcup \mathbf{z}_0 \\ \mathbf{y}_{t-1} < \mathbf{y}_c \sqcup \mathbf{y}_{c-1} \sqcup \ldots \sqcup \mathbf{y}_0 \end{array}\right\} \forall t.$$

Offenbar gilt ja:

$$\mathbf{z}_t = A^t \mathbf{z}_0 ; \; \mathbf{y}_{t-1} = CA^{t-1} \mathbf{z}_0 .$$

Aus $A^t < A^c \sqcup A^{c-1} \sqcup \ldots \sqcup E \;\; \forall\, t$ folgt nach Bildung der Konjunktion mit $\mathbf{z}_0$:

$$A^t \mathbf{z}_0 < A^c \mathbf{z}_0 \sqcup A^{c-1} \mathbf{z}_0 \sqcup \ldots \sqcup E\, \mathbf{z}_0 ,$$

d. h.

$$\mathbf{z}_t < \mathbf{z}_c \sqcup \mathbf{z}_{c-1} \sqcup \ldots \sqcup \mathbf{z}_0 .$$

Die zweite Behauptung erhält man, indem man die Konjunktion dieses Ausdruckes mit C von links bildet. ■

Das Ziel der folgenden Sätze (des Hauptteils dieses Abschnitts) ist es, Aussagen über das Verhalten des Automaten nach langer Zeit zu machen (Ergodizitätseigenschaften); diese Sätze haben kein Äuivalent in Kapitel 5 (man vergleiche aber die Untersuchungen über Zustandsgraphen bei *Reusch* (1969), – das liegt an der Struktur der zugrundeliegenden Mengen).

Für den Automaten $\underline{A} = [A, B, C, D]$ gilt

$$\mathbf{z}_t = (A^t \mathbf{z}_0) \sqcup \left(\bigsqcup_{i=0}^{t-1} A^{t-i-1} B \mathbf{x}_i \right),$$

$$\mathbf{y}_{t-1} = (CA^{t-1} \mathbf{z}_0) \sqcup \left(\bigsqcup_{i=0}^{t-2} CA^{t-i-2} B \mathbf{x}_i \right) \sqcup (D \mathbf{x}_{t-1})$$

Satz 1: $\underline{A} = [A, B, C, D]$ *sei ein linearer Automat mit* $E < A$. *Dann ist für hinreichend große Taktzahl* t*:*

$$\mathbf{z}_t > \operatorname{adj} A\ \mathbf{z}_0$$

$$\mathbf{y}_{t-1} > \operatorname{adj} A\ \mathbf{z}_0$$

Beweis: Nach Weglassen einiger Terme auf der rechten Seite der obigen Gleichungen folgt sofort

$$\begin{array}{l} \mathbf{z}_t > A^t \mathbf{z}_0 \\ \mathbf{y}_{t-1} > CA^{t-1} \mathbf{z}_0 \end{array}$$

und mit $A^t = A^{t-1} = A^c = \operatorname{adj} A \;\; \forall t > c$ (Sätze 1 aus 2 von Abschnitt 6.1) erhält man dann die Behauptung. ■

Falls der Anfangszustand $\mathbf{z}_0 = \begin{pmatrix} 1 \\ 1 \\ \vdots \\ 1 \end{pmatrix}$ gegeben ist, gilt dann offenbar

$$\operatorname{adj} A\, \mathbf{z}_0 = \mathbf{z}_0$$

denn wegen $E < A$ enthält adj A in jeder Zeile mindestens eine 1. Also ist nach Satz 1 für alle $t > c$:

$$\mathbf{z}_t = \mathbf{z}_0 = \begin{pmatrix} 1 \\ 1 \\ \vdots \\ 1 \end{pmatrix}.$$

Für die Ausgabe eines solchen initialen Automaten gilt dann im Takt $t > c$:

$$\mathbf{y}_t = C\mathbf{z}_0 \sqcup D\mathbf{x}_t.$$

Damit hat man noch den

Satz 2: $\underline{A} = [A, B, C, D]$ *sei ein linearer Boolescher Automat mit* $E < A$*; falls für seinen Anfangszustand* $\mathbf{z}_0$ *die Bedingung*

$$\operatorname{adj} A\, \mathbf{z}_0 = \begin{pmatrix} 1 \\ 1 \\ \vdots \\ 1 \end{pmatrix}$$

gilt, so hängt für $t < c$ *die Ausgabe nur noch von der Eingabe ab. Falls*

$$\mathbf{z}_0 = \begin{pmatrix} 1 \\ 1 \\ \vdots \\ 1 \end{pmatrix}$$

ist und die Matrix C ebenfalls in jeder Zeile mindestens eine 1 *enthält, so gilt für alle* $t > c$:

$$\mathbf{y}_t = \begin{pmatrix} 1 \\ 1 \\ \vdots \\ 1 \end{pmatrix}.$$

Es ist also gerechtfertigt, bei diesem Automatentyp auch von einem Einschwingvorgang und einem stationären Verhalten zu sprechen. Diese beiden Sätze – das diesem Automatentyp eigentümliche Verhalten – schränken natürlich den Anwendungsbereich sehr stark ein.

Einige weitere Aspekte sollen noch kurz gestreift werden.

Bemerkung 2: Allgemein werden zwei Zustände $\mathbf{z}_1$ und $\mathbf{z}_2$ äquivalent genannt, wenn gilt:

$$\lambda(\mathbf{z}_1, \mathbf{p}) = \lambda(\mathbf{z}_2, \mathbf{p}) \ \forall \ \mathbf{p} \in \mathbf{X}^*.$$

Bei linearen Automaten führt diese Begriffsbildung zu einem Äquivalenzkriterium, das die sogenannte Diagnosematrix K des Automaten verwendet; diese Überlegung läßt sich hier entsprechend durchführen. Als Diagnosematrix bezeichnet man hier die Hypermatrix:

$$K = \begin{pmatrix} C \\ CA \\ \vdots \\ CA^c \end{pmatrix}$$

(c ist der charakteristische Exponent der Matrix A). Unter völliger Analogie zu den Überlegungen von Satz 1 aus Abschnitt 5.2 und bei Verwendung von Satz 1 des Abschnitts 6.1 zeigt man dann

$$\mathbf{z}_1 \sim \mathbf{z}_2 \iff K\mathbf{z}_1 = K\mathbf{z}_2. \ \blacksquare$$

Bemerkung 3: Aus der vorhergehenden Bemerkung folgt schon, daß auch bei der Minimalität von linearen Booleschen Automaten entsprechende Verhältnisse wie bei linearen Automaten gelten; ein Automat heißt natürlich wieder minimal, wenn aus der Äquivalenz von Zuständen ihre Gleichheit folgt. – Auf Reduktionsverfahren soll an dieser Stelle nicht eingegangen werden. ■

6.3. Anwendungen

In diesem sehr kurzen Abschnitt können Anwendungsmöglichkeiten der Booleschen Automaten nur prinzipiell gestreift werden. Die Aufgabe der Schaltalgebra oder der Schaltkreistheorie ist es u.a. (Boolesche) Funktionen (vgl. Abschnitt 6.1, Bemerkung 12), die Schaltkreise beschreiben, zu realisieren (sogenannte „logischer Entwurf von Schaltkreisen"). Diese Realisierung ergibt ein System, das als Boolescher Automat verstanden werden kann, in dem dann die den Schaltkreis beschreibende Boolesche Funktion (die ja eine Wortfunktion über geeigneten Alphabeten ist) dargestellt wird. Das Ziel ist es natürlich stets, die Boolesche Funktion auf eine möglichst einfache Gestalt zu bringen; dieses Problem steht im Zusammenhang mit der Minimisierung des zugehörigen Booleschen Automaten.

Der hier im Abschnitt 6.2 behandelte Automatentyp – linearer Boolescher Automat – bietet für dieses eben geschilderte Anwendungsziel noch keine sehr tragfähige Grundlage; dies liegt u. a. darin, daß dieser lineare Boolesche Automat die Negation von Variablen natürlich nicht zuläßt (eine Boolesche Algebra ist ja kein Ring oder gar Körper).

Beispiel 1: Mit einem linearen Booleschen Automaten läßt sich sehr leicht die Disjunktion (Boolesche Addition) von zwei Booleschen Vektoren beschreiben.

Mit $B = \{0, 1; \sqcup, \sqcap\}$ sei $B^n = \bigtimes_{i=1}^{n} B$ und $X = Y = Z = B^n$.

Die charakterisierenden Matrizen (alles (n, n)-Matrizen) werden so festgelegt:

$$A = 0, B = C = D = I$$

und als Anfangszustand von $\underline{A} = [A, B, C, D]$ wählt man $\mathbf{z}_0 = \begin{pmatrix} 1 \\ 1 \\ \vdots \\ 1 \end{pmatrix}$.

Die Voraussetzungen der Sätze 1 und 2 von Abschnitt 6.2 sind hier nicht erfüllt. Vom ersten Ausgabevektor abgesehen, ist jeder Ausgabevektor die Disjunktion des aktuellen und des vorhergehenden Eingabevektors.

Beispiel 2: Die modulo 2-Addition zweier Eingänge x_1 und x_2, beschrieben durch die Boolesche Funktion

x_1	x_2	
0	0	0
0	1	1
1	0	1
1	1	0

$$f(x_1, x_2) = (x_1 \sqcap \overline{x}_2) \sqcup (\overline{x}_1 \sqcap x_2)$$

läßt sich offenbar (wegen der Komplementbildung) in einem linearen Booleschen Automaten nicht darstellen.

Auf die Darstellung (d. h. Realisierung) allgemeiner Boolescher Funktionen soll hier nicht näher eingegangen werden, da sie mit dem hier beschriebenen Typ „linearer Boolescher Automat" i.a. nicht möglich ist.

7. Sprachen und Automaten

Dieses letzte Kapitel schließt – wie schon erwähnt – direkt an den Abschnitt 3.5 an; die Bedeutung der dort eingeführten Begriffe (im wesentlichen die der regulären Ereignisse[1]) und von weiteren Begriffen wird in diesem Kapitel erneut deutlich, d. h. durch die hier geschilderten möglichen Anwendungen wird die Einführung der genannten Begriffsbildungen eigentlich erst gerechtfertigt. Einige grundsätzliche Bemerkungen zum Aufbau der Automatentheorie sind schon früher gemacht worden: In den ersten sechs Kapiteln ist der klassische analytische Weg verfolgt worden – jetzt soll auch noch, wie schon erwähnt, sehr knapp und ohne Beweise allgemeiner auf die sogenannte synthetische Methode eingegangen werden.

Einen Automaten, den man zum Erkennen eines Ereignisses verwendet – und jedes Ereignis ist nach Abschnitt 1.1 Beispiel 2 eine formale Sprache – nennt man in diesem Zusammenhang Akzeptor (eine offensichtlich zweckmäßige Bezeichnung). Man fragt dann, welche Sprachen ein vorgegebener Automat (bei Verwendung als Akzeptor) erkennt, d. h. man verwendet Automatentypen zur Klassifikation von Sprachen. Von gleicher Wichtigkeit ist aber auch das umgekehrte Problem: Welche Automatentypen erkennen eine vorgegebene Sprache? Man verwendet also hier die Theorie der formalen Sprachen zur Einführung und Klassifikation von Automaten. Diese beiden Fragen werden mitunter (wie schon erwähnt) analytisches und synthetisches Problem genannt. Aus der Literatur seien hier nur noch erwähnt: *Böhling/Indermark* (1969) und vor allem *Maurer* (1969).

Das Analyse- und das Syntheseproblem ist für den Fall regulärer Mengen (und das sind sehr wichtige formale Sprachen) bereits im Abschnitt 3.5 vollständig behandelt werden; es ergab sich eine Zugehörigkeit dieser Sprachtypen zu endlichen, initialen *Medwedjew*-Automaten. In der Theorie der formalen Sprachen spielen nun die sogenannten context-freien Sprachen – das sind Ereignisse über einem Alphabet X, die durch gewisse, gleich zu beschreibende Bedingungen gekennzeichnet sind – eine besondere Rolle[2]. Auf ihren Zusammenhang mit einem bestimmten Typ (der auch ein *Medwedjew*-Automat ist) soll hier als Muster und Beispiel für eine allgemeine Theorie knapp und ohne Beweise eingegangen werden. Dabei müssen einige Grundlagen der Theorie der formalen Sprachen geschildert werden (die Klasse aller regulären Sprachen – auch bezeichnet mit einseitig lineare Sprachen – ist eine echte Teilmenge der Klasse aller context-freien Sprachen). Der hier erwähnte Automat ist zwar den nichtdeterminierten Automaten zuzurechnen (vgl. dazu das erste Kapitel), er hat aber doch noch sehr viel Ähnlichkeit mit einem determinierten Automaten (lax ausgedrückt: Er ist „fast" determiniert).

Bevor nun auf einige Dinge aus der Theorie der formalen Sprachen eingegangen wird, soll der erwähnte Automat, der in der Literatur Keller-Automat genannt wird, beschrieben werden.

---

1) Synonym dazu ist der im Zusammenhang mit dem Inhalt dieses Kapitels meistens verwendete Begriff „reguläre Menge"; dieser Terminus wird hier ebenfalls verwendet werden.

2) Nämlich wegen ihrer Zusammenhänge mit bekannten Programmiersprachen, wie z. B. ALGOL (man vergleiche auch die Theorie der sogenannten *Backus*-Systeme).

Gegeben seien drei Alphabete:

X: Eingangsalphabet
Z: Zustandsalphabet
K: Kelleralphabet (entspricht einem Speicher).

Es sei $k_0 \in K$ und $z_0 \in Z$; mit $E(M)$ sei die Menge aller endlichen Teilmengen der Menge M bezeichnet[1]). δ sei eine Abbildung mit

$$\delta : Z \times (X + \{e\}) \times K \rightarrow E(Z \times K^*).$$

Damit erklärt man in der

Definition 1: *Unter einem Kellerautomaten* $\underline{A}_k$ *versteht man ein 6-Tupel*

$$\underline{A}_K = [X, Z, K, \delta, k_0, z_0]$$

(man nennt δ *natürlich auch Überführungsfunktion und bezeichnet* z_0 *als Anfangszustand und* k_0 *als Anfangskellerzeichen).*

Bemerkung 1: Das Verhalten von $\underline{A}_K$ läßt sich in einer den Turing-Maschinen angepaßten Weise beschreiben – das ist hier allerdings gar nicht notwendig.

Die Beziehung $(z', p) \in \delta(z, x, k)$ mit $z, z' \in Z$, $x \in X$, $k \in K$ und $p \in K^*$ bedeutet, daß $\underline{A}_K$ bei einer Eingabe von x vom Zustand z in den Zustand z' übergehen kann, wobei das Kellerwort p durchlaufen werden kann. Der letzte Buchstabe von p ist dann das neue aktuelle Kellerzeichen. Die Beziehung $(z', p) \in \delta(z, e, k)$ mit $z, z' \in Z$, $k \in K$ und $p \in K^*$ bedeutet, daß $\underline{A}_K$ ohne irgendeine Eingabe vom Zustand z in den Zustand z' übergehen kann, wobei wieder das Kellerwort p durchlaufen werden kann. Falls bei diesen Fällen einmal $p = e$ gilt, so wird als neues aktuelles Kellerzeichen dasjenige des vorhergehenden Taktes gewählt; falls kein Kellerzeichen mehr verfügbar ist, ist für δ keine „Folgesituation" mehr erklärt, d. h. der Automat $\underline{A}_K$ bleibt stehen. Vor dem Anfangstakt, d. h. „vor" k_0, steht natürlich kein Kellerzeichen zur Verfügung, und im übrigen müssen selbstverständlich bei einer solchen Rückrechnung sämtliche Buchstaben eines eventuell schon früher durchlaufenen Kellerwortes ($\neq e$) berücksichtigt werden. Gilt außerdem einmal für $x \in X$: $\delta(z, x, k) = \delta(z, e, k) = \emptyset$, so kann die Verarbeitung eines Eingabewortes (das also den Buchstaben x enthält) natürlich nicht mehr fortgesetzt werden, d. h. $\underline{A}_K$ bleibt auch hier stehen.

Der Zusammenhang mit dem im Abschnitt 1.1 beschriebenen nichtdeterminierten Automaten ist offensichtlich: Als Zustandsalphabet in diesem Sinne wählt man natürlich $Z \times K$. ∎

Die Beschreibung der Arbeitsweise von $\underline{A}_K$ legt nun folgende Definition nahe.

Definition 2: *Unter einer Situation* S *eines Keller-Automaten* $\underline{A}_K = [X, Z, K, \delta, k_0, z_0]$ *versteht man ein Tripel*

$$S = (z, m, p) \textit{ mit } z \in Z, m \in X^*, p \in K^*.$$

---

1) Falls M selbst endlich ist, ist natürlich $E(M)$ mit $P(M)$ identisch.

Bemerkung 2: Man verwendet noch die folgende Sprechweise: Eine Situation $S = (z, xm, pk)$ führt unmittelbar zu einer Situation $S' = (z', m, pp')$ – bezeichnet durch $S \to S'$ – mit $z, z' \in Z$; $x \in X + \{e\}$; $m \in X^*$; $p, p' \in K^*$; $k \in K$, wenn $(z', p') \in \delta(z, x, k)$ gilt. Schließlich sagt man noch: S führt zu S' – in Zeichen: $S \overset{*}{\to} S'$ – wenn es Situationen $S_0, S_1, \ldots, S_n$ gibt mit $S_0 = S$, $S_n = S'$ und $S_i \to S_{i+1}$ für $0 \leqslant i \leqslant n-1$. ∎

Die folgende ist die in diesem Zusammenhang wichtigste Definition.

Definition 3: *Gegeben sei der Keller-Automat* $\underline{A}_K = [X, Z, K, \delta, k_0, z_0]$ *und ein* $m \in X^*$. *Dann heißt* m *von* $\underline{A}_K$ *akzeptiert genau dann, wenn es einen Zustand* $t \in Z$ *gibt mit*

$$(z_0, x, k_0) \overset{*}{\to} (t, e, e)$$

Die Menge aller von $\underline{A}_K$ *akzeptierten Wörter nennt man* $T(\underline{A}_K)$; *eine Situation der Form* (t, e, e) *heißt Endsituation (sie besitzt ja keine Nachfolgesituation.)*

$T(\underline{A}_K)$ ist als Teilmenge von X^* eine formale Sprache. – Der folgende Satz wird zwar später – da hier keine Beweise aufgeschrieben werden sollen – nicht unbedingt benötigt, er ist aber doch sehr interessant und zum besseren Verständnis wichtig und soll daher zitiert werden.

Satz 1: $\underline{A}_K = [X, Z, K, \delta, k_0, z_0]$ *sei ein Keller-Automat. Dann existiert ein Keller-Automat*

$$\underline{A}'_K = [X, \{z_0\}, K', \delta', k'_0, z_0] \text{ mit } |K'| = |Z|^2 \cdot |K| + 1, \text{ für den gilt}$$

$$T(\underline{A}'_K) = T(\underline{A}_K)$$

Beweis: Siehe Literatur.

Nunmehr soll zur Behandlung der notwendigen Grundlagen aus der Theorie der formalen Sprachen übergegangen werden: Die context-freien Sprachen werden durch ein Generationsverfahren festgelegt, also durch die Angabe von gewissen Regeln (vgl. Abschnitt 1.1) – man spricht daher in diesem Zusammenhang auch allgemein von Regelsprachen.

Bemerkung 3: Gegeben sei ein Alphabet A. Unter einer (Produktions-)Regel versteht man ein Paar (u, v) mit $u, v \in A^*$. R sei eine endliche Menge von solchen Regeln; dann versteht man unter einem Produktionssystem P ein Paar $P = (A, R)$.

Für zwei Wörter $w, w' \in A^*$ sagt man: w führt unmittelbar zu w' – Bezeichnung dafür $w \to w'$ – wenn es zwei Wörter $z_1, z_2 \in A^*$ gibt mit $w = z_1 \, u \, z_2$ und $w' = z_1 \, v \, z_2$ wobei gilt $(u, v) \in R$. Für zwei Wörter $w, w' \in A^*$ sagt man: w führt zu w' – Bezeichnung dafür $w \overset{*}{\to} w'$ – wenn es Wörter $w_0, w_1, \ldots, w_n \in A^*$ $(n \geqslant 1)$ gibt mit $w = w_0 \to w_1 \to w_2 \to \ldots \to w_n = w'$. Die Folge $w_0, w_1, \ldots, w_n$ heißt Ableitung der Länge n (falls dabei $w_i \neq w_j$ ist für $i \neq j$, nennt man die Ableitung minimal). Man benutzt natürlich die Sprechweise: w' wird aus w abgeleitet oder generiert (daher Generationsverfahren).

Eine Regel $(u, v) \in R$ läßt sich in diesem Sinne natürlich folgendermaßen schreiben: $u \to v$. Die Wirkung davon ist also: u wird durch v ersetzt. ∎

Beispiel 1: Ein einfaches Produktionssystem ist folgendermaßen gegeben:

$$A = \{c_0, c_1, c_2, a, b\},$$
$$R = \{(c_0, c_0c_1), (c_0, a), (c_1, c_2c_1), (c_1, b), (c_2, c_1a)\}.$$

Das System ist dann das Paar P = (A, R). Dabei ist etwa:

$$aac_1b \rightarrow aabb$$
$$c_0 \xrightarrow{*} ab\,ab$$

(für die letzte Ableitung vgl. auch das Beispiel 2).

Durch die hier betrachteten Dinge werden nun die folgenden Begriffsbildungen verständlich.

Gegeben seien zwei Alphabete X und H mit $X \cap H = \emptyset$ und $X + H = A$; die Elemente von X heißen Basiszeichen, die von H heißen Variable, A heißt Gesamtalphabet. R sei eine endliche Menge von Regeln der Gestalt (u, v) mit $u, v \in A^*$, bei denen u aber mindestens eine Variable enthält. Ein ausgezeichnetes Element $c_0 \in H$ nennt man Startvariable. Das Paar P = (A, R) ist wieder ein Produktionssystem. Man erklärt dann in der

Definition 4: *Das System* $G = (X, H, R, c_0)$ *heißt (Regel-)Grammatik; die Menge*

$$L(G) = \{x \mid x \in X^* \wedge c_0 \xrightarrow{*} x\} \subset X^*$$

heißt von G erzeugte (Regel-)Sprache.

L(G) ist damit eine durch ein Generationsverfahren bestimmte formale Sprache. Die Festlegung von verschiedenen Sprachtypen geschieht nun durch Vorgabe bestimmter Typen von Regeln. Ein besonders wichtiger Sprachtyp ist dabei der der context-freien Sprache (cf-Sprache; umgebungsunabhängige Sprache – diese Bezeichnung ist recht anschaulich).

Definition 5: *Eine Grammatik* $G = (X, H, R, c_0)$ *heißt context-frei, wenn jede Regel von der Gestalt* $c \rightarrow x$ *ist mit* $c \in H$ *und* $x \in (X + H)^*$. *Die dadurch gegebene Sprache* L(G) *heißt context-freie Sprache.*

Alle Regeln des Beispiels 1 sind mit der Festsetzung $X = \{a, b\}$, $H = \{c_0, c_1, c_2\}$ context-frei; die zugehörige Sprache ist also eine cf-Sprache.

Bemerkung 4: Eine nähere Untersuchung der Eigenschaften der cf-Sprachen ist für die Zwecke in diesem Kapitel nicht erforderlich. Es sei hier aber noch ein anderes Beispiel für einen Sprachtyp angegeben: Eine Sprache heißt context-sensitiv (umgebungsunabhängig), wenn sämtliche Regeln von der Gestalt $z_1cz_2 \rightarrow z_1xz_2$ sind mit $c \in H$; $z_1, z_2 \in A^*$ und $x \in A^* - \{e\}$.

Es darf hier also nur eine Variable ersetzt werden, und auch nur dann, wenn sie von z_1 und z_2 umgeben ist (also in einem bestimmten "Context" steht).

Die cf-Sprachen mit Varianten (z. B. *Backus*-Systeme) spielen eine wesentliche Rolle bei der Untersuchung von Programmiersprachen (Festlegung der Syntax). ■

Bemerkung 5: Eine Regel einer Grammatik heißt rechtslinear (linkslinear), wenn sie die Gestalt $c_1 \rightarrow xc_2$ ($c_1 \rightarrow c_2x$) mit $c_1, c_2 \in H$ und $x \in X^*$ hat; man nennt sie abschließend wenn sie die Gestalt $c \rightarrow x$ mit $c \in H$ und $x \in X^*$ hat.

Eine cf-Grammatik heißt einseitig linear, wenn alle ihre Regeln rechtslinear (bzw. linkslinear) oder abschließend sind. Die dadurch festgelegte Sprache heißt ebenfalls einseitig linear; die Klasse dieser Sprachen ist also eine (echte) Teilmenge der Klasse der cf-Sprachen. Man kann dann zeigen, daß jede einseitig lineare Sprache eine reguläre Menge ist und umgekehrt. Über den Zusammenhang von regulären Mengen und endlichen Automaten gibt der Abschnitt 3.5 Auskunft. ■

Die beiden folgenden Sätze stellen nun den gesuchten Zusammenhang zwischen den cf-Sprachen und den Keller-Automaten her (zugleich: Zusammenhang zwischen Generations- und Erkennungsverfahren).

Satz 2: $G = (X, H, R, c_0)$ *sei gegeben;* $L(G)$ *sei eine cf-Sprache. Dann gilt für den Keller-Automaten* $\underline{A}_K$ *(der nur einen Zustand besitzt) mit*

$$\underline{A}_K = [X, \{z_0\}, X + H, \delta, c_0, z_0]; K = X + H,$$

bei dem δ *folgendermaßen festgelegt ist:*

$$\delta(z_0, e, c) = \{(z_0, \tilde{p}) \mid c \to p\} \; \forall c \in H; (c, p) \in R$$
$$\delta(z_0, x, x) = \{(z_0, e)\} \quad \forall x \in X$$

die Aussage:

$$L(G) = T(\underline{A}_K).$$

Beweis: Siehe Literatur; unter $\tilde{p}$ ist gemäß Abschnitt 1.1 das Spiegelbild von p zu verstehen.

Beispiel 2: In Beispiel 1 wurde ein Produktionssystem festgelegt, mit

$$X = \{a, b\}$$
$$H = \{c_0, c_1, c_2\}$$

ist $G = (X, H, R, c_0)$ eine cf-Grammatik; $L(G)$ ist eine cf-Sprache.

Die Ableitung

$$c_0 \to c_0 c_1 \to a c_1 \to a c_2 c_1 \to a c_1 a c_1 \to abac_1 \to abab$$

wird von dem Automaten $\underline{A}_K$ vollzogen, indem er die folgenden Situationen durchläuft:

$S_0 = (z_0, abab, c_0)$	$S_6 = (z_0, bab, c_1 ab)$
$S_1 = (z_0, abab, c_1 c_0)$	$S_7 = (z_0, ab, c_1 a)$
$S_2 = (z_0, abab, c_1 a)$	$S_8 = (z_0, b, c_1)$
$S_3 = (z_0, bab, c_1)$	$S_9 = (z_0, b, b)$
$S_4 = (z_0, bab, c_1 c_2)$	$S_{10} = (z_0, e, e)$
$S_5 = (z_0, bab, c_1 a c_1)$	

Die Umkehrung von Satz 2 zeigt der

Satz 3: *Der Keller-Automat* $\underline{A}_K = [X, \{z_0\}, K, \delta, k_0, z_0]$ *sei gegeben; dabei gelte:* $X \cap K = \emptyset$. *Die Grammatik* $G = (X, K, R, k_0)$ *mit*

$$R = \{k \rightarrow x\,\widetilde{p} \mid (z_0, p) \in \delta\,(z_0, x, k);\, p \in K^*;\, k \in K;\, x \in X + \{e\}\}$$

ist (offensichtlich) eine cf-Grammatik, für deren Sprache L(G) *gilt:*

$$T(\underline{A}_K) = L(G)$$

Beweis: Siehe Literatur.

Bemerkung 6: Unter Verwendung von Satz 1 wird die folgende Aussage oft als Hauptsatz für Keller-Automaten bezeichnet. Eine formale Sprache L über einem Alphabet X ist genau dann eine cf-Sprache, wenn ein Keller-Automat $\underline{A}_K$ mit $L = T(\underline{A}_K)$ existiert. ■

Die Beweise der angegebenen Sätze findet man z. B. bei *Maurer* (1969); dort wird allerdings eine andere Notation benutzt, während die hier verwendete Notation natürlich den ersten sechs Kapiteln angepaßt wurde. Die Durchführung der Beweise würde den Rahmen dieses einführenden Kapitels sprengen; außerdem ist zu ihrer übersichtlichen Darstellung auch noch die Einführung von einigen weiteren Begriffsbildungen zweckmäßig.

Bemerkung 7: Bei determinierten Keller-Automaten (Spezialfall) erhält man dann Sprachtypen, die als determinierte Sprachen bezeichnet werden. Näheres dazu findet man in der Literatur. ■

Der Abschnitt 3.5 zeigte also einen Zusammenhang zwischen endlichen Automaten und regulären Mengen, während in diesem Kapitel über den Zusammenhang zwischen cf-Sprachen und Keller-Automaten referiert wurde. Anhand dieses relativ schmalen Ausschnitts aus einer allgemeinen Theorie – bei anderen Sprachtypen benötigt man wieder andere Automatentypen (noch ein Beispiel: Stochastische Sprachen werden natürlich festgelegt durch spezielle stochastische Automaten bzw. Akzeptoren) – sieht man die Wichtigkeit der Automaten bei ihrer Anwendung in der Theorie der formalen Sprachen, nämlich als Akzeptoren bei Erkennungsverfahren. Darüber hinaus läßt sich die Automatentheorie auch aus der Untersuchung von formalen Sprachen entwickeln.

Literatur

Beyer, G.: Die Erweiterung von Schaltwerken, AEG-Telefunken Bericht (1965)

Böhling, K. H./Indermark, K.: Endliche Automaten I, BI-Taschenbuch Bd. H-03 (1969)

Bochmann, D.: Einführung in die strukturelle Automatentheorie, Hauser-Verlag (1975)

Brauer, W.: Zu den Grundlagen einer Theorie topologischer sequentieller Systeme und Automaten, GMD-Bericht Nr. 31 (1970)

Brückner, I.: Zur Konstruktion von Decodierautomaten. Dissertation TU Braunschweig (1975)

Claus, V.: Stochastische Automaten, Teubner-Verlag (1971)

Deussen, P.: Halbgruppen und Automaten, Heidelberger Taschenbücher Bd. 99 (1971)

Ehring, H./Pfender, M.: Kategorien und Automaten, Verlag de Gruyter (1972)

Ehring, H.: Kategorielle Theorie von Automaten. In: Überblicke Mathematik Bd. 7 (1974)

Ehrig, H. et al.: Universal Theory of Automata, Teubner-Verlag (1974)

Ginzburg, A.: Algebraic Theory of Automata, Academic Press (1968)

Gluschkow, W. M.: Theorie der abstrakten Automaten. Deutscher Verlag der Wissenschaften (1963)

Gössel, M.: Angewandte Automatentheorie I/II. Vieweg-Verlag (1972)

Hackl, C.: Schaltwerk- und Automatentheorie I/II, de Gruyter, Sammlung Göschen Bde. 6011/7011 (1972/73).

Händler, W.: Die Automatentheorie als Teilgebiet der angewandten Mathematik, ZAMM 48, 145–158 (1968)

Hammer, P. L./Rudeanu, S.: Boolean Methods in Operations Research and Related Areas, Springer-Verlag (1968)

Harnisch, H. G.: Zur Klassifikation der Zustände eines stochastischen Starke-Automaten. Dissertation TU Braunschweig (1972)

Henze, E./Homuth, H. H.: Einführung in die Codierungstheorie. Vieweg-Verlag (1974)

Homuth, H. H.: Halbgeordnete Zustandsmengen bei determinierten Automaten, ZAMM 52, T226–T227 (1972)

Hornfeck, B.: Algebra, Verlag de Gruyter (1973)

Hotz, G./Walter, H.: Automatentheorie und formale Sprachen, II, Endliche Automaten, BI-Taschenbuch Bd. 822/822a (1969)

Hotz, G.: Schaltkreistheorie, Verlag de Gruyter (1974)

Kowalsky, H. J.: Lineare Algebra, Verlag de Gruyter (1974)

Maurer, H.: Theoretische Grundlagen der Programmiersprachen (Theorie der Syntax). BI-Taschenbuch Bd. 404/404a (1969)

Menzel, W.: Theorie der Lernsysteme, Springer-Verlag (1970)

Raney, G. N.: Sequential Functions, J. Assoc. Comp. Mach. 5, 177–180 (1958)

Reischer, C./Simovici, D. A.: Linear Boolean Automata, Wiss. Z. Techn. Hochschule Ilmenau 17, Nr. 3, 83–96 (1971)

Reusch, B.: Lineare Automaten, BI-Taschenbuch, Bd. 708 (1969)

Starke, P. H.: Abstrakte Automaten, Deutscher Verlag der Wissenschaften (1969)

Starke, P. H.: Allgemeine Probleme und Methoden in der Automatentheorie, EIK 8, 489–518 (1972)

Steinby, M.: On definite automata and related systems, Ann. Acad. Sci. Fennicae, Ser. AI 444, 57 p. (1969)

Sachwortverzeichnis

In diesem Verzeichnis sind nur Namen aufgenommen worden, die nicht im Literaturverzeichnis genannt werden.